U0348150

"科技壮苗"行动

路随增　李　艳　孙东磊　景东林　主编

邢台市农业科学研究院
邢台市农业农村局　提供支持
邢台市气象局

国家小麦产业技术体系
河北省小麦产业技术体系
邢台市环境气象中心　经费资助
河北省小麦科技创新团队
河北省科技成果转化资金

中国农业科学技术出版社

图书在版编目（CIP）数据

"科技壮苗"行动 / 路随增等主编. -- 北京：中国农业科学技术出版社，2022.12
ISBN 978-7-5116-6101-2

Ⅰ.①科… Ⅱ.①路… Ⅲ.①小麦—苗期管理 Ⅳ.① S512.105.1

中国版本图书馆 CIP 数据核字（2022）第 240933 号

责任编辑 徐定娜
责任校对 李向荣
责任印制 姜义伟　王思文

出 版 者	中国农业科学技术出版社
	北京市中关村南大街 12 号　邮编：100081
电　　话	（010）82105169（编辑室）
	（010）82109702（发行部）　（010）82109709（读者服务部）
网　　址	https://castp.caas.cn
经 销 者	各地新华书店
印 刷 者	北京科信印刷有限公司
开　　本	170mm×240mm　1/16
印　　张	9（含彩插 12 面）
字　　数	177 千字
版　　次	2022 年 12 月第 1 版　2022 年 12 月第 1 次印刷
定　　价	38.00 元

《"科技壮苗"行动》
编委会

序 一

2021年我国北方出现了罕见的秋汛，受强降水影响冀晋鲁豫陕五省冬小麦播期拉长、晚播面积大，苗情复杂、弱苗比例高，给小麦生产带来严重影响。为发挥科技保障作用，确保2022年夏粮丰收，按照保供固安全、振兴畅循环的工作定位，农业农村部依托小麦产业技术体系、农业技术推广体系以及农业科教系统力量，启动冬小麦"科技壮苗"专项行动，加强冬小麦田间管理、科技培训和技术指导，全力推动晚播麦"促弱转壮，早发稳长"，为小麦稳产增产提供科技支撑。

邢台市农业科学研究院、邢台市农业农村局和邢台市气象局按照国家、省统一部署，以国家小麦产业技术体系邢台综合试验站、河北省小麦产业技术体系邢台综合试验站、邢台市农业综合服务中心农业技术推广站、邢台市环境气象中心为技术依托，各县市区农业农村局同步联动。通过组织科技人员下沉一线调研、制定技术方案、开展培训指导、分类科学管理等措施全面提升邢台市小麦科学管理水平。至4月底苗情发生根本性转化，三类苗由冬前的占比62.4%下降为9.7%，一二类苗由冬前的占比37.6%上升为90.3%，最终邢台市的小麦单产和总产实现了双突破。更可喜的是在南和区阎里基地还创造出亩产863.76公斤河北省最高单产纪录，为"科技壮苗"行动增添了浓墨重彩的一笔。同样全国小麦生产在大灾之年也取得了大丰收！

民为国基，谷为民命。本年度的"科技壮苗"行动虽然收到良好效果，但部分应对技术措施尚不完全成熟。由于影响小麦生产的因素是多方面的，尤其对于多变的气候，我们小麦人始终要保持舍我其谁的定力，脚踏实地，积极应对挑战，深入实施"藏粮于地、藏粮于技"战略，牢牢端稳粮食饭碗，确保口粮绝对安全。

国家小麦产业技术体系首席科学家 刘录祥
2022年10月1日

序 二

任凭国际风云变幻，风景中国这边独好！

丰收了，又丰收了，我们的小麦又丰收了，并且是超越历史水平的空前大丰收！

2022 壬寅年，注定是不平凡的一年：虽然我市去年遭遇了有气象记录以来的最大降水量和大洪水、并且是历史罕见的夏秋连汛，但是，今年上半年，我市小麦依然丰收了，为中国老百姓的饭碗添了一把粮，也为下半年即将举行的中共二十大献了一份厚礼。

邓公说过，科技是第一生产力。在去年遭遇洪涝灾害，小麦播种基础差、条件复杂，播种期大幅度推迟、晚播麦十分普遍并且播种质量参差不齐、甚至小麦播期从去年秋天一直播种到今年春天这一以前绝无仅有的极其特殊的情况下，如何管理小麦、如何确保产量、如何保障丰收，成了广大农业人尤其是农业科技人员的大课题、大难题！

碰到的情况，历史上没有过；遇到的问题，教科书上没有、前人也没有经验。邢台市农业科学研究院景东林、邢台市农业农村局李艳、邢台市气象局赵玉兵等农业和气象科技人员同国家、省小麦产业技术体系相关技术人员一道，面对现实、积极应对、因地制宜、分类施策，一户一档、一田一方，小麦不收、管理不止。通过深入细致的调查研判，创办 18 期《邢台市冬小麦"科技壮苗"专项行动服务周报》，为全市广大农业技术人员提供技术支撑、为全市广大农民提供技术服务、为全市小麦再获丰收提供技术保障，也为今年小麦生产和管理积累了经验、提供了技术基础和宝贵技术资料。从气象条件、生产情况、科技服务、技术建议，较完整、翔实记录"科技壮苗"工作全过程。这不仅在省内是第一份、在国内也属首创。

小麦丰收了，《邢台市冬小麦"科技壮苗"专项行动服务周报》及其创办单位、创办人和所有参与专家、团队都有一份贡献，功不可没！本人感叹和敬佩之余，谨以此文奉之。

由于编者水平所限，书中不足之处在所难免，敬请各位读者批评指正。

邢台市农业农村局二级调研员　马东邦

2022 年 7 月 1 日

目　录

农业农村部启动冬小麦"科技壮苗"专项行动

2022 年 1 月 14 日，农业农村部科技教育司在北京召开冬小麦"科技壮苗"专项行动启动活动暨工作部署视频会，全面部署做好冀晋鲁豫陕五省晚播冬小麦促弱转壮科技支撑工作，助力今年夏粮丰收。

会议指出，受去年罕见秋汛影响，冀晋鲁豫陕五省冬小麦苗情复杂，给今年夏粮丰产带来不利影响。要充分认识今年保夏粮丰收的重要意义，通过开展冬小麦"科技壮苗"专项行动，充分发挥科技支撑作用，最大限度降低灾害影响。

会议强调，要发挥农业科教系统的协同优势，统筹产业技术、农技农机推广和农民培训"三大体系"，形成工作合力。专项行动期间，要加强小麦从苗期到收获期各环节前后衔接，及时提供全程技术解决方案；部省市县要上下高效联动，推动技术方案落地到位；三大体系要左右互动，提升小麦生产经营主体壮苗技术技能水平。

会议要求，要按照保供固安全、振兴畅循环的工作定位，强化目标意识，抓紧调配力量，加大政策支持，及时加强技术指导，突出技术培训，全力推动晚播麦"促弱转壮，早发稳长"。

农业农村部种植业管理司、农业机械化管理司、有关部属事业单位相关同志，国家小麦产业技术体系岗站专家等参加会议。河北、山西、山东、河南、陕西五省农业农村厅负责人在分会场参加会议并作交流发言（彩图 1）。

河北启动冬小麦"科技壮苗"百日会战

2022 年 2 月 22 日，河北省冬小麦"科技壮苗"百日会战誓师暨农业科技现代化先行县推进系列活动在邢台市宁晋县举办，标志着河北省冬小麦"科技壮苗"百日会战拉开帷幕（彩图 4）。

受去年秋汛影响，河北省小麦播种面积 3 350.8 万亩（1 亩 ≈666.7 平方米，1 公顷 =15 亩，全书同），其中晚播麦 2 548.8 万亩，占比 76.1%。由于晚播麦占比较大，苗情总体较差，冬前，全省冬小麦出苗面积为 3 227.8 万亩，其中三类苗 2 119.6 万亩，占比 65.7%。在三类苗中，有 123 万亩麦田尚未出苗，成为"土里捂"，苗情长势历史最差。

抓好冬小麦苗情促弱转壮，科技是关键。为确保夏粮丰产丰收，保障粮食安全，河北省启动冬小麦"科技壮苗"百日会战系列行动。

河北省农业农村厅先后印发《2022 年河北省冬小麦春季田间管理技术方案》《2022 年小麦春季肥水管理技术挂图》《2022 年河北省冬小麦科技壮苗 120 天农事手册》《河北省 2022 年冬小麦"科技壮苗、促弱转壮"技术服务挂图》等一系列技术和政策指导文件，动员全省 16 000 名农技人员、1 000 多名科技专家，迅速行动起来，走向小麦田间一线，聚焦晚播麦生产关键环节和主要技术问题，抢抓农时，挂图作战，分区域、分类别出台管理方案，精准制定技术意见，做好应对各种自然灾害、病虫害的应急预案，指导农民提前做好技术和物资准备，分区域、分时段、分环节、分类型加强技术指导，指导各地加强冬小麦田间管理，早抓、早管、早行动，全力推动晚播麦"促弱转壮，早发稳长"，为小麦稳产增产提供强有力的科技支撑。

邢台市冬小麦"科技壮苗"专项行动服务周报 1～18 期

邢台市冬小麦"科技壮苗"专项行动服务周报

【2022】第 01 期

国家小麦产业技术体系邢台综合试验站
河北省小麦产业技术体系邢台综合试验站
邢台市农业综合服务中心农业技术推广站
邢 台 市 环 境 气 象 中 心

2022-02-21

一、气象条件

2021 年全市年平均降水量为 975.1 毫米，较常年偏多 1 倍。7 月、8 月、9 月平均降水量分别为 328.5 毫米、150.1 毫米、239.8 毫米。其中，9 月平均降水量较常年偏多 5.6 倍，10 月上旬平均降水量为 110.3 毫米，较常年偏多 11.6 倍。2021 年 10 月 11 日至 2022 年 2 月 20 日全市平均降水量为 42.1 毫米，较常年偏多近 1 成。平均日照时数 727.7 小时，接近常年。平均气温 3.7℃，较常年偏高 1.0℃。

上周：邢台市以多云到阴天气为主。全市平均气温为 −2.2℃，较去年同期偏低 8.1℃，较常年同期偏低 3.6℃。全市平均日照时数为 36.4 小时，较常年同期偏少 2.5 小时。

预计未来一周：邢台市以晴到多云天气为主。气温总体呈回升趋势。24 日平均气温超过 3℃，最高气温在 25 日达 13～14℃，最低气温在 22 日为 −9～−4℃。

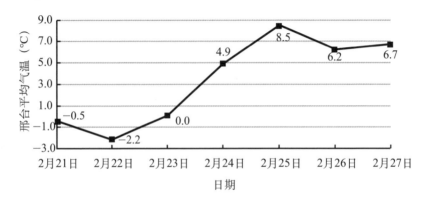

二、生产情况

受去年秋汛影响，邢台市小麦播种期平均推迟 15～30 天，晚播面积大，冬前群体偏小偏弱。冬季温度偏高，小麦冻害较轻，基本绿体越冬。越冬期较常年推迟 10～15 天，越冬期间小麦随气温波动断续生长，苗情有所转化升级。全市小麦播种面积 505.2 万亩，目前一类苗面积 57.5 万亩，占比 11.38%，较冬前增加 0.98 个百分点；二类苗面积 139.9 万亩，占比 27.69%，较冬前增加 0.49 个百分点；三类苗面积 307.8 万亩，占比 60.93%，较冬前减少 1.47 个百分点。另外，因部分地块散墒较迟，冬前播期最晚推迟至 2021 年 12 月下旬，还存在少部分"一根针"和"土里捂"麦田。

调查显示，目前全市麦田平均亩总茎蘖数 52.1 万，较冬前增加 2.5 万；主茎叶龄平均为 3.72，较冬前增加 0.73；单株次生根数平均 2.01 条，较冬前增加 0.66 条；单株茎蘖数平均为 1.83 个，较冬前增加 0.62 个。

三、科技服务

1 月 14 日，农业农村部开启冬小麦"科技壮苗"专项行动。1 月 25 日，河北省农业农村厅启动冬小麦促弱转壮夺夏粮丰收培训月行动。2021 年 12 月 27 日、2022 年 2 月 7 日、2 月 11 日国家小麦产业技术体系首席科学家刘录祥主持召开 3 次"科技壮苗"视频会商会。2 月 7 日，邢台市农业农村局召开 2022 年小麦转壮升级技术培训行动启动暨抗灾夺丰收动员部署视频会，会上市气象局杨丽娜高工、市农科院景东林站长和市技术推广站马虎成研究员分别就去年小麦播种以来的气象条件、小麦弱苗转壮措施和春季分类管理技术进行了培训，市农业农村局二级调研员马东邦就全市小麦春季农业生产的有关重点工作进行了安排部署（下图左）。

2 月 8 日以来，在全市范围迅速掀起了小麦春管大调查、大培训、大服务的热潮。河北省小麦体系邢台试验站、邢台市农业综合服务中心农业技术推广站、邢台市环境气象中心、国家小麦体系邢台试验站分别深入考察了信都区、襄都区、南和区、任泽区、巨鹿县和宁晋县等不同类型麦田苗情长势和土壤墒情，给小麦分类精准管理把脉问诊，尤其对三类弱苗和"一根针""土里捂"等特殊类型麦田，要注意加强早春管理，促苗早发、促弱转壮（下图右）。

市县两级农业农村部门累计举办各类线上线下培训会 46 次，培训农技人员和小麦种植户 3 500 余人，发放技术明白纸 14 000 份，印发小麦春管类技术建议 83 条，派出专家和农技人员下乡指导 780 人次，在媒体开展相关报道 8 次，积极为小麦春季弱苗转壮提供坚实的技术支撑。

四、技术建议

目前麦田土壤正在化冻、返浆，小麦春生叶片开始生长，小麦由越冬期向返青期过渡，小麦穗分化处在单棱末期。

1. "一根针"和"土里捂"麦田。气温回暖、表土解冻后，及时查看出苗情况。一是对表墒偏差的麦田：若出苗困难，可进行小水湿润灌溉，有喷灌条件的麦田可采取微量喷灌，湿润表土，保证种芽吸水，促进出苗。切忌大水漫灌，以防淤苗和种芽窒息。二是对土壤板结的麦田：如果年前积水过多、春季返浆后表土湿度过大、出现表层板结，要及时浅锄轻划（如用三齿耙锄划），破除板结，增温通气，以利幼芽安全出土。三是对长根较好的麦田：如果小麦种子根已下伸 3 厘米以上，既杜绝过早镇压，防止临近出苗的小麦嫩芽折断，又避免盲目锄划，以免扰土伤根，影响出苗生长。**"土里捂"**麦田还需严防出苗期鸟雀等扒土啄苗，以免造成缺苗断垄。

2. **晚播三类苗麦田**。麦田表土化冻后，选择晴好天气顶凌浅中耕锄划，破除板结增温保墒，促进小麦早发快长。

3. **一二类苗麦田**。对冬前未镇压、表土坷松的一二类苗麦田，可在晴好天气午后开展镇压，以踏实土壤、提墒增温、蹲苗壮蘖。

4. **缺肥麦田**。年前播种没来得及施底肥或缺肥的麦田，在土壤返浆期趁墒根据缺肥状况可沟施氮磷钾复合肥作为补充。

邢台市冬小麦"科技壮苗"专项行动服务周报

【2022】第 02 期

国家小麦产业技术体系邢台综合试验站
河北省小麦产业技术体系邢台综合试验站
邢台市农业综合服务中心农业技术推广站
邢 台 市 环 境 气 象 中 心　　　　　　　2022-02-28

一、气象条件

上周：邢台市以晴到多云天气为主，无降水。全市平均气温为 4.1℃，较常年同期偏高 1.4℃，其中极端最高气温为 19.1℃；极端最低气温为 -9.8℃。全市平均日照时数为 66.6 小时，较常年同期偏多 25.6 小时。

预计未来一周：邢台市以晴到多云天气为主，气温整体呈回升趋势。最低气温 3 月 2 日早晨为 -4～1℃；最高气温 3 月 4 日达 18～21℃。

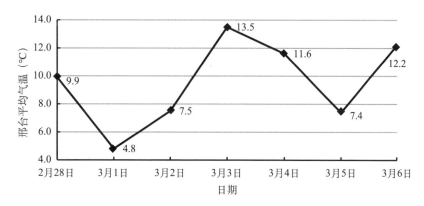

2022 年小麦越冬期（2021.12.20—2022.02.26）0℃以上积温为 29.6～82.8℃，较 2021 年越冬期（2020.12.10—2021.02.21）0℃以上积温偏少 69.7～153.4℃。

二、生产情况

受上周气温回升影响，邢台市小麦开始返青，返青期为 2 月 27 日，主体麦田墒情适宜。全市小麦播种面积 505.2 万亩,目前一类苗面积 62.1 万亩,占比 12.3%,较冬前增加 1.9 个百分点;二类苗面积 150.6 万亩,占比 29.8%,较冬前增加 2.6 个百分点;三类苗面积 292.5 万亩,占比 57.9%,较冬前减少 4.5 个百分点。另外,"土里捂"麦田在近期陆续出苗。

调查显示,目前全市麦田平均亩总茎蘖数 57.2 万,较上周增加 5.1 万;主茎叶龄平均为 3.8,较上周增加 0.08;单株次生根数平均 2.16 条,较上周增加 0.15 条;单株茎蘖数平均为 1.97 个,较上周增加 0.14 个。较冬前调查相比,由于越冬期间大于 0℃ 以上积温 29.6~82.8℃,小麦叶片缓慢增长,叶龄增加 0.82,次生根单株增加 0.81 条,单株茎蘖增加 0.76 个。

三、科技服务

2 月 25 日下午,农业农村部部长唐仁健带队到国家和省小麦产业技术体系示范基地——南和区阎里村金沙河基地,详细询问了晚播麦越冬和春管情况。强调要千方百计抓好小麦春季田管,既要充分估计苗情复杂的不利影响,也要紧紧抓住当前气温高、墒情好的有利时机,落实落细各项稳产增产措施,确保夏粮首战告捷(彩图 2)。

2 月 21 日,河北省春季农业生产工作会议在邢台市宁晋县召开。会议强调,要抓好小麦田间管理,搞好技术指导、分类施策、预判预案,切实做到精准服务、精准管理、精准防灾,确保夏粮丰收。市农业农村局参加现场会、市气象局和市农科院在市政府参加视频会(下图左)。

2 月 22 日,在宁晋县召开河北省冬小麦"科技壮苗"百日会战誓师大会。市农业农村局张鹏局长进行了专题发言。农业农村部指导组组长、国家小麦产业技术体系首席科学家刘录祥研究员提出相关技术措施。省农业农村厅左红江副厅长做总结讲话。省小麦产业技术体系首席专家曹刚研究员、市农业农村局副局长李宗会、市农科院副院长杨玉锐、省"科技壮苗"专家组成员、各市农业农村局分管局长、科教科负责人、国家小麦产业技术体系保定、衡水、邯郸、邢台站站长参加活动(下图右)。

自上周以来,邢台市持续扎实开展冬小麦"科技壮苗"专项行动。各地累计举办各类线上线下培训会 11 次,培训农技人员和小麦种植户 1 500 余人,发放技术明白纸和宣传资料 5 000 余份;开展下乡技术指导和技术服务 680 人次。农技人员全面下沉一线,手把手指导农民开展小麦春管。

四、技术建议

目前小麦已经返青，小麦穗分化处在单棱期向二棱期过渡时期，小麦开始向营养生长和生殖生长并进过渡。

1. **病虫防控**。返青-拔节期是纹枯病、根腐病、茎基腐病等侵染扩展高峰期，也是麦蜘蛛的为害盛期。防治根部病害可选用 300 克 / 升苯醚甲环唑·丙环唑乳油每亩 20～30 毫升；或 240 克 / 升噻呋酰胺悬浮剂每亩 20 毫升，重点喷小麦茎基部，间隔 10～15 天再喷一次。防治麦蜘蛛可亩用 5% 阿维菌素悬浮剂 4～8 克或 4% 联苯菊酯微乳剂 30～50 毫升。对病虫混发地块要开展综合防治。

2. **晚播三类苗麦田**。继续进行锄划，提高地温，促苗早发。可喷施磷酸二氢钾和芸苔素内酯类生长调节剂，加快苗情转化升级。

3. **一二类苗麦田**。对冬前未镇压、表土垧松的一二类苗麦田，可继续进行镇压，以踏实土壤、提垧增温、蹲苗壮蘖。

4. **失墒严重的地块**。应酌情开展小水灌溉，缺肥麦田可结合灌溉，亩追施尿素 6～8 公斤＋磷酸二铵 5～6 公斤，促苗生根增蘖。

邢台市冬小麦"科技壮苗"专项行动服务周报

【2022】第03期

国家小麦产业技术体系邢台综合试验站
河北省小麦产业技术体系邢台综合试验站
邢台市农业综合服务中心农业技术推广站
邢 台 市 环 境 气 象 中 心   2022-03-06

一、气象条件

上周：邢台市以晴到多云天气为主。全市平均气温为9.5℃，较2021年同期偏高3.9℃，较常年同期偏高5.1℃，其中极端最高气温为23.5℃；极端最低气温为-3.8℃。全市平均日照时数为53.5小时，较常年同期偏多5.6小时。3日夜间到4日白天大部分地区出现7级以上瞬时大风，最大内丘25.4米/秒（10级）。

预计未来一周：12日邢台市阴有小雨，其他时段以晴到多云天气为主，平均气温前期呈回升趋势，后期受冷空气活动影响，13日夜间最低气温下降2~5℃，将降至2~6℃。

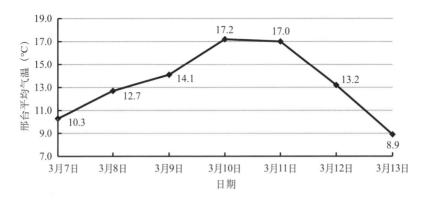

二、生产情况

目前邢台市小麦处于返青期，由于气温较高（较常年同期偏高5.1℃），日照充足（较常年同期偏多 5.6 小时），苗情转化加快。全市 505.2 万亩小麦，一类苗面积 89.3 万亩，占比 17.7%，较上周增加 5.4 个百分点；二类苗面积 230.8 万亩，占比 45.7%，较上周增加 15.9 个百分点；三类苗面积 185.1 万亩，占比 36.6%，较上周减少 21.3 个百分点。**主体麦田由冬前三类麦为主（占比 62.4%）转化升级为一二类麦为主（占比 63.4%）。**另外，冬前"土里捂"麦田已全部出苗，目前已经达到 1 叶或 1 叶 1 心。

调查显示，目前全市麦田平均亩总茎蘖数 76.3 万，较上周增加 19.1 万；主茎叶龄平均 4.5，较上周增加 0.7；单株次生根数平均 4.3 条，较上周增加 2.14 条；单株茎蘖数平均 2.43 个，较上周增加 0.46 个。

三、科技服务

3 月 2 日，省小麦体系邢台站召开"2022 年小麦春季促弱转壮田管技术培训会"，各县（市、区）农业农村局技术站站长、业务骨干、新型经营主体等 50 余人参加培训。省农业技术推广总站站长周进宝研究员、省小麦产业技术体系首席专家曹刚研究员、省农业技术推广总站粮油科科长秦新敏研究员、河北工程大学孙全德教授，针对当前小麦生产形势、小麦春管技术要点和具体措施进行了培训。市农业农村局马东邦二级调研员强调在"加强组织领导，分包压实责任，宣传培训发动，因地分类施策，深入田间指导，全力抗灾保丰"六个方面，扎实开展小麦春管工作，打好夏粮丰收基础（下图左）。

3 月 1 日，柏乡县委书记王鹏、副书记魏晓峰，县委常委办公室主任张立川，副县长王靖利带领县农业农村局相关人员深入柏乡镇富硒小麦生产基地检查督导春季小麦生产，并提出具体指导性意见（下图右）。

3 月 4—5 日，国家小麦体系邢台站到任泽区太平庄村、西栾村开展小麦促弱转壮田间培训，就晚播弱苗及早动手、锄划促长、合理水肥、病虫防控等进

行现场指导（下图左）。

自上周以来，邢台市持续开展冬小麦"科技壮苗"专项行动，各地累计举办培训会 3 次，培训农技人员和小麦种植户 500 余人，发放明白纸和宣传资料 2 000 余份；下沉一线开展苗情调查、田间指导和技术服务 1 320 余人次，指导农民因地、因墒、因苗分类施策，精准开展小麦春季管理。

下图右为内丘县技术站开展田间春管培训。

四、技术建议

目前小麦正在返青期，春生一叶正在伸长，小麦穗分化进入二棱期，春季分蘖和次生根喷发迅速增加。

1. **杂草防治**。返青—起身期是春季防治田间杂草关键期，需调查清楚杂草类型、选择好对路药剂进行综合防治。

防草"10+360"原则：喷药时气温高于 10℃，喷药前后 3 天内无强降温天气，日平均气温在 6℃以上，日最低温度不低于 0℃。应在上午 9 点以后下午 4 点以前喷施。

阔叶杂草防治：可亩选用 10% 唑草酮可湿性粉剂 18～20 克；或 9% 双氟·唑草酮悬乳剂 18～20 毫升；或 50 克 / 升双氟磺草胺悬浮剂 5 毫升 + 10% 唑草酮可湿性粉剂 10 克。亩兑水 30 公斤喷雾。

禾本科杂草防治：对于看麦娘可亩用 15% 炔草酯可湿性粉剂 40 克；对于雀麦可亩用 70% 氟唑磺隆水分散粒剂 3.5 克；亩兑水 30 公斤喷雾。对于节节麦建议春季人工拔除带出田间为好。

注意勿用甲磺隆、绿磺隆及其复配剂；慎用甲基二磺隆及其复配剂；配药时采用二次稀释法；不重喷、不漏喷；拔节后禁止使用除草剂。

2. **晚播三类苗麦田**。继续进行锄划，喷施磷酸二氢钾和芸苔素内酯类生长调节剂，加快苗情转化升级。

3. **一二类苗麦田**。可继续进行镇压，弥合裂缝、提墒增温、促根下扎、蹲苗壮蘖。

4. **失墒严重的地块**。对于干土层大于 5 厘米或耕层土壤相对含水量小于 60% 的麦田应开展小水灌溉；缺肥麦田可结合灌溉，亩追施尿素 6～8 公斤＋磷酸二铵 5～6 公斤，促苗生根增蘖。

邢台市冬小麦"科技壮苗"专项行动服务周报

【2022】第04期

国家小麦产业技术体系邢台综合试验站
河北省小麦产业技术体系邢台综合试验站
邢台市农业综合服务中心农业技术推广站
邢 台 市 环 境 气 象 中 心

2022-03-14

一、气象条件

上周：邢台市以晴到多云天气为主。11—12日出现小雨。全市平均降水量4.6毫米，最大南宫8.7毫米。全市平均气温11.5℃，较2021年同期偏高2.8℃，较常年同期偏高5.3℃。极端最高气温24.5℃，极端最低气温 −2.1℃。全市平均日照36.9小时，较常年同期偏少9.3小时。

预计未来一周：16日夜间有小雨，17日、18日白天有雨夹雪，其他时段以晴到多云天气为主。15—17日大部分地区有偏北风4~5级，局地阵风6~8级。受冷空气影响，17—19日最低气温下降10~14℃，19日晨最低气温将降至 −5~−2℃。

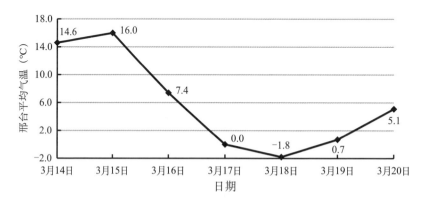

二、生产情况

目前邢台市小麦处于返青期向起身期过渡时期，春生2叶正在伸长，小麦穗分化由二棱期向颖片原基分化期转变，春季分蘖和次生根继续增加。

全市 505.2 万亩小麦，一类苗面积 112.7 万亩，占比 22.3%，较上周增加 4.6 个百分点，较冬前增加 11.9 个百分点；二类苗面积 263.4 万亩，占比 52.1%，较上周增加 6.4 个百分点，较冬前增加 24.9 个百分点；三类苗面积 129.1 万亩，占比 25.6%，较上周减少 11 个百分点，较冬前减少 36.8 个百分点。**主体麦田由冬前三类麦为主（占比 62.4%）转化升级为现在一二类麦为主（占比 74.4%）**。另外，冬前"土里捂"麦田目前已达 2 叶龄。

调查显示，目前全市麦田平均亩总茎蘖数 88 万，较上周增加 11.7 万，较 2021 年同期减少 5.1 万；主茎叶龄平均 5.2，较上周增加 0.7，较 2021 年同期减少 1.1；单株次生根数平均 6.1 条，较上周增加 1.8 条，较 2021 年同期减少 0.2 条；单株茎蘖数平均 2.9 个，较上周增加 0.47 个，较 2021 年同期减少 1 个；亩三叶大蘖数平均 59.4 万，较 2021 年同期增加 7.3 万。

三、科技服务

3 月 11 日，市农业农村局二级调研员马东邦、市农业综合服务中心主任齐福众带领技术站和植保站技术人员，赴沙河市下郑村、明德村和南和区阎里村考察当前小麦大田长势情况，现场指导农户开展麦田春季肥水管理和病虫草害综合防治（下图左）。3 月 9 日，市农业综合服务中心农业技术推广站组织各县（市、区）技术站负责同志和业务骨干参加全省粮油生产重点工作视频调度会。3 月 10 日，市农业综合服务中心农业技术推广站组织宁晋、隆尧、临西等示范推广工作试点县参加春季田间管理技术网络培训会。3 月 10 日，国家小麦体系邢台站到襄都区东石村、任泽区西栾村、南和区阎里基地开展苗情调查和田间技术指导（下图右）。

自上周以来，邢台市持续开展冬小麦"科技壮苗"专项行动。各地累计举

办培训会4次，培训农技人员和种植户430余人；开展苗情调查、技术指导和技术服务1 650余人次。

下图左为南宫市技术站调查小麦苗情；下图右为临西县技术站田间技术培训。

下图左为隆尧县强筋小麦登上《人民日报》客户端；下图右为南和区"科技壮苗"线上培训会。

河北隆尧：管好强筋小麦 助力工农业发展

四、技术建议

1. 三类苗麦田管理。对三类苗应采取两次肥水。第一次肥水应在返青后至起身前。亩浇水30～40立方米，亩施硝酸磷钾25～30公斤，或尿素10～12公斤＋磷酸二铵4～6公斤。16—18日降雨前可施肥，降雨后结合降水量补充灌溉。同时可喷施芸苔素内酯类生长调节剂，加快苗情转化升级。（第二次肥水可在孕穗至抽穗期，亩施尿素7～8公斤，亩浇水40～50立方米）。

年前"一根针"和"土里捂"麦田，在三叶期进行第一次肥水管理，建议小水喷灌，亩浇水15～20立方米，随水亩追硝酸磷钾12～15公斤。

2. 一二类苗麦田。可继续进行镇压，提墒增温、促根下扎、蹲苗壮蘖。

注意避开极低温度时段。

3. **病虫草防治**。继续防治纹枯病、茎基腐病、根腐病、红蜘蛛和田间杂草。尤其化除应注意避开低温时段。

4. **低温预防**。预报 17—19 日最低气温下降 10～14℃，19 日早晨最低气温将降至 −5～−2℃。注意预防低温冻害。

邢台市冬小麦"科技壮苗"专项行动服务周报

【2022】第05期

国家小麦产业技术体系邢台综合试验站
河北省小麦产业技术体系邢台综合试验站
邢台市农业综合服务中心农业技术推广站
邢台市环境气象中心   2022-03-21

一、气象条件

上周：16 日、18 日邢台市出现弱雨雪，全市平均降水量 0.6 毫米，较常年同期偏少 7 成。全市平均气温 7.4℃，较常年同期偏低 0.5℃。受寒潮影响，16—19 日全市气温下降 10～13℃，18 日、19 日早晨最低气温降至 -6～0℃。全市平均日照时数 24.4 小时，较常年同期偏少 18.2 小时。15 日夜间—17 日上午全市大部分地区出现 6～7 级瞬时大风，最大内丘 15.4 米 / 秒。

预计未来一周：25 日白天阴有小雨，其他时段以多云天气为主。23 日、26 日有偏北风 4～5 级，阵风 6～7 级。前期气温呈回升趋势，受冷空气影响，25 日白天最高气温将下降 3～6℃，26 日早晨最低气温将降至 3～6℃。

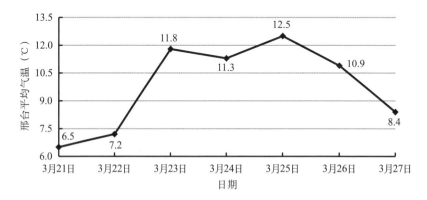

二、生产情况

邢台市主体麦田于 3 月 17 日进入起身期，与常年相近。小麦开始由匍匐转为直立，春生 3 叶正在伸长，基部第一节间开始伸长但还未伸出地面，小麦穗分化处于护颖、内外颖原基分化期。起身后期分蘖将达峰值，次生根继续增多。

全市 505.2 万亩小麦，一类苗面积 165 万亩，占比 32.7%，较上周增加 10.4 个百分点，较冬前增加 22.3 个百分点，较去年同期减少 18.9 个百分点；二类苗面积 245.2 万亩，占比 48.5%，较上周减少 3.6 个百分点，较冬前增加 21.3 个百分点，较去年同期增加 5.5 个百分点；三类苗面积 93 万亩，占比 18.4%，较上周减少 7.2 个百分点，较冬前减少 44 个百分点，较去年同期增加 13.9 个百分点。旺苗面积 2 万亩，占比 0.4%，较去年同期减少 0.5 个百分点。一、二类苗占比达到 81.2%，较上周增加 6.8 个百分点，较冬前增加 43.6 个百分点，较去年同期减少 13.4 个百分点。

目前全市麦田平均亩总茎蘖数 107.4 万，较上周增加 19.4 万，较去年同期增加 2.8 万；春生叶龄平均 2.4，较去年同期减少 0.5；单株次生根数平均 7.1 条，较上周增加 1 条，较去年同期减少 0.3 条；单株茎蘖数平均 3.6 个，较上周增加 0.7 个，较去年同期减少 0.7 个。

三、科技服务

3 月 16 日，市农业技术推广站组织各县（市、区）技术站农技人员、种植大户、专业合作社负责人等小麦种植户，通过线上方式参加了全国农技中心举办的 2022 年小麦春季及中后期田间管理网络培训。3 月 16 日，针对邢台市 17—19 日寒潮天气过程，省小麦体系邢台站站长李艳通过《新闻快报》栏目，介绍了具体的防灾减灾田管措施，提醒农民注意预防"倒春寒"（下图左）。3 月 16 日，国家小麦体系邢台站到沙河市留村开展田间指导，督促承包大户开展雨前施肥，促进大蘖成穗和小穗、小花分化。3 月 17 日，市气象专家到田间查看墒情对苗情的影响，助力"科技壮苗"工作（下图右）。

自上周以来，邢台市持续开展冬小麦"科技壮苗"专项行动。各地累计举办培训会 3 次，培训农技人员和小麦种植户 500 余人，发布应对大风降温天气技术建议 6 条，发放明白纸等技术宣传资料 1 500 份；开展苗情调查、技术指导和技术服务 1 200 余人次。

下图左为南和区农业农村局"护苗使者"登上新华社客户端；下图右为国家小麦体系邢台站开展田间指导。

"畿南粮仓"喜迎科技"护苗使者"

下图左为信都区技术站开展技术服务；下图右为新河县农业农村局开展技术培训。

四、技术建议

1. **二类苗麦田管理**。对二类苗麦田既要促进大蘖成穗稳定亩穗数，又要控制无效分蘖过多消耗营养，还要防治基部节间过长增加倒伏风险。对于亩茎数偏少或肥力一般的二类苗麦田应在起身中期浇水，重在促进大蘖成穗，保证亩穗数；对于亩茎数较多或肥力较高的二类苗麦田在起身后期浇水，意在控制无效分蘖过多和基部节间过长。随水亩施尿素 15～18 公斤 + 磷酸二铵 4～6公斤。

2. **三类苗麦田管理**。对于还没有浇水施肥的三类苗麦田马上开展第一次肥水管理。结合灌溉亩施尿素 10～12 公斤，促进分蘖成穗，保证充足群体。

3. **一类或旺苗麦田管理**。可在晴好天气午后开展镇压或化控措施，以蹲苗壮蘖、抑制基部节间伸长，防止后期倒伏。

4. **病虫草防治**。可将杀菌剂、杀虫剂、植物生长调节剂复配，通过开展"一喷综防"，防治纹枯病、茎基腐病、根腐病、红蜘蛛、蚜虫。没有开展化除的麦田抓紧开展杂草化除（拔节后严禁使用除草剂化除）。

邢台市冬小麦"科技壮苗"专项行动服务周报

【2022】第 06 期

国家小麦产业技术体系邢台综合试验站
河北省小麦产业技术体系邢台综合试验站
邢台市农业综合服务中心农业技术推广站
邢 台 市 环 境 气 象 中 心   2022-03-28

一、气象条件

上周：邢台市平均降水量 4.0 毫米（22 日、25 日），最大清河 14.9 毫米。23 日、26 日出现 6～8 级大风，最大皇寺 18.3 米／秒。全市平均气温 9.6℃，较 2021 年同期偏低 2.8℃，较常年同期偏低 0.3℃。最高气温 22.9℃（皇寺），最低气温 -1.4℃（沙河）。全市平均日照时数 31.5 小时，较常年同期偏少 18.2 小时。

预计未来一周：邢台市 29 日白天阴有小雨或零星小雨，其他时段以晴到多云天气为主。29 日有偏南风 4～5 级，阵风 6～7 级。气温呈波动变化，受冷空气影响，30 日白天最高气温下降 1～3℃，将降至 13～15℃，31 日早晨最低气温下降 5～7℃，将降至 1～5℃，其他时段气温较高。

二、生产情况

目前小麦春生 4 叶正在伸长，基部第一节间快速伸长，第二节间开始伸长，幼穗将伸出地面，进入小花原基分化期，小穗数已分化完毕。小麦分蘖将达峰值，即将明显出现两极分化。次生根继续增加。

全市 505.2 万亩小麦，一类苗面积 201.1 万亩，占比 39.8%，较上周增加 7.1 个百分点，较 2021 年同期减少 13.9 个百分点，较 2021 年冬前增加 29.4 个百分点；二类苗面积 232.3 万亩，占比 45.9%，较上周减少 2.6 个百分点，较 2021 年同期增加 4.8 个百分点，较 2021 年冬前增加 18.7 个百分点；三类苗面积 69.5 万亩，占比 13.8%，较上周减少 4.6 个百分点，较 2021 年同期增加 9.5 个百分点，较 2021 年冬前减少 48.6 个百分点；旺苗面积 2.3 万亩，占比 0.5%，较上周增加 0.1 个百分点，较 2021 年同期减少 0.4 个百分点。一、二类苗较上周增加 4.5 个百分点，较 2021 年同期减少 9.1 个百分点。**主体麦田由冬前三类麦为主（占比 62.4%）转化升级为一二类麦为主（占比 85.7%）。**

全市麦田平均亩总茎蘖数 118.5 万，较上周增加 11.1 万，较去年同期增加 6.9 万；春生叶龄平均 3.1，较上周增加 0.7，较去年同期减少 0.4；单株次生根数平均 8.3 条，较上周增加 1.2 条，较去年同期减少 0.6 条；单株茎蘖数平均 4.2 个，较上周增加 0.6 个，较去年同期减少 0.2 个。

三、科技服务

3 月 21 日，邢台市环境气象中心联合市农业综合服务中心农业技术推广站，到任泽区、南和区实地调查了 3 月 16—19 日低温过程对冬小麦生长发育的影响（下图左）；3 月 22 日，市农业综合服务中心农业技术推广站组织各县（市、区）技术站农技人员、种植大户、专业合作社负责人等，通过线上方式参加省农技推广总站举办的 2022 年河北省冬小麦促弱转壮田间管理技术网络培训班；3 月 24 日，邢台市农业农村局在任泽区组织召开邢台市小麦春季肥水管理"田间日"活动。张鹏局长出席并讲话，要求各地紧扣农时，从农资、机械、技术多方面搞好保障，不折不扣落实好各项麦田促弱转壮关键技术措施。本次活动由二级调研员马东邦主持，任泽区副区长张焕君、市农业综合服务中心主任齐福众参加活动（下图右）。

自上周以来，邢台市持续扎实开展冬小麦"科技壮苗"专项行动。各地累计举办培训会 3 次，培训农技人员和小麦种植户 280 余人，发放技术挂图、明白纸等宣传资料 800 份；开展苗情调查、技术指导和技术服务 1 500 余人次。隆尧、临城、沙河、临西、信都区、南和区、任泽区、邢东新区等县（市、区）分别组织开展"田间日"活动。

下图左为中国农业科学院孙果忠研究员来邢助力"科技壮苗"；下图右为南和区开展技术培训。

下图左为临西县开展技术培训；下图右为任泽区开展"田间日"活动。

四、技术建议

1. **对于二类苗麦田**。继续开展肥水管理，尤其是对于肥力相对较高或群体和个体发育较好的二类麦田，在起身后期随水亩施尿素 15～18 公斤＋磷酸二铵 4～6 公斤，以达到稳定有效穗、增加穗粒数作用。

2. **对于三类苗麦田**。对已经进行了第一次肥水管理的三类麦田，可以结合"一喷综防"，喷施芸苔素内酯、黄腐酸等植物生长调节剂和叶面肥，促进植株生长和分蘖成穗。

3. **对于旺苗或一类苗麦田**。暂缓进行肥水管理。可喷施壮丰安等植物生长调节剂。抑制基部节间生长、使茎秆增粗、促进根系发育，增强后期抗倒性。

4. **病虫防治**。继续开展纹枯病、茎基腐病、根腐病、蚜虫综合防控。

邢台市冬小麦"科技壮苗"专项行动
服务周报

国家小麦产业技术体系邢台综合试验站
河北省小麦产业技术体系邢台综合试验站
邢台市农业综合服务中心农业技术推广站
邢 台 市 环 境 气 象 中 心　　　　　　2022-04-04

一、气象条件

上周：邢台市平均降水量 0.8 毫米，最大临西 3.0 毫米，3 月 28 日白天全市大部分地区出现 6～8 级瞬时大风，最大柏乡 17.5 米 / 秒（8 级）。全市平均气温 11.7℃，较 2021 年同期偏低 2.5℃，较常年同期偏低 0.2℃。邢台最高气温 22.2℃（沙河），最低气温 -0.6℃（清河）。全市平均日照时数 50.2 小时，较常年同期偏少 2.1 小时。

预计未来一周：邢台市以晴到多云天气为主。8 日全市有偏南风 4～5 级，阵风 6～7 级。气温总体呈回升趋势，受冷空气影响，6 日最高气温下降 6～9℃，将降至 17～19℃；7 日早晨最低气温下降 4～7℃，将降至 2～7℃；其他时段气温较高。

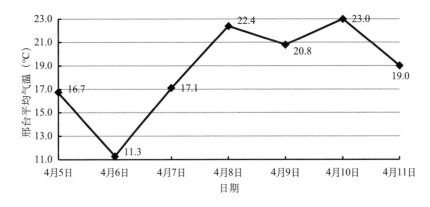

二、生产情况

邢台市麦田 4 月 1 日进入拔节期，较去年略晚，较常年早 4 天左右。春生 5 叶露尖，基部第一节间接近定长，已伸出地面 1.5~2 厘米，第二节间正在伸长，第三节间开始伸长，小麦穗分化进入雌雄蕊原基分化期。小麦的亩茎数达到峰值，无效蘗开始明显退化。次生根继续增多。

全市 505.2 万亩小麦，一类苗面积 215.3 万亩，占比 42.6%，较上周增加 2.8 个百分点，较 2021 年同期减少 13.8 个百分点，较冬前增加 32.2 个百分点；二类苗面积 236.9 万亩，占比 46.9%，较上周增加 1 个百分点，较 2021 年同期增加 8.2 个百分点，较冬前增加 19.7 个百分点；三类苗面积 51 万亩，占比 10.1%，较上周减少 3.7 个百分点，较 2021 年同期增加 6 个百分点，较冬前减少 52.3 个百分点；旺苗面积 2 万亩，占比 0.4%，较上周减少 0.1 个百分点，较 2021 年同期减少 0.4 个百分点。一、二类苗比例达到 89.5%，较上周增加 3.8 个百分点，较 2021 年同期减少 5.6 个百分点，较冬前增加 51.9 个百分点。

目前全市麦田平均亩总茎蘗数 122.1 万，较上周增加 3.6 万，较 2021 年同期增加 11.3 万；春生叶龄平均 4.1，较上周增加 1，较 2021 年同期减少 0.1；单株次生根数平均 9.3 条，较上周增加 1 条，与 2021 年同期持平；单株茎蘗数平均 4.5 个，较上周增加 0.3 个，较 2021 年同期增加 0.2 个。

三、科技服务

3 月 28 日，国家小麦体系邢台站到任泽区开展田间指导，进行小麦关键期水肥管理，促进小麦大蘗成穗和小穗、小花分化（下图左）。3 月 28 日、4 月 2 日市农科院副院长杨玉锐正高级农艺师带领团队成员前往南和区、广宗县进行田间调查，现场指导小麦病虫防控（下图右）。

　　自上周以来，面对近期严峻的疫情形势影响和紧迫的春耕春管任务，邢台市一手抓疫情防控，一手抓春管生产。农技人员克服困难，通过田间和线上线下相结合形式，持续开展冬小麦"科技壮苗"专项行动。各县市区累计举办培训会3次，培训农技人员和小麦种植户480余人；开展苗情调查、技术指导和技术服务230余人次。

　　下图左为信都区农业农村局开展肥水指导；下图右为隆尧县农业农村局开展根茎部病害调查。

　　下图左为南和区农业农村局开展苗情调查；下图右为巨鹿县农业农村局开展吸浆虫取土样调查。

四、技术建议

　　1. **肥水管理**。小麦进入拔节期，基部第一节间基本定型，无效分蘖开始明显退化，雌雄蕊开始分化，此时水肥既可以促进小花增多，又不会造成基部节间增长和无效分蘖过多，因此拔节期是小麦水肥管理最重要时期。对于一类苗麦田，可适时开展第一次肥水管理，随水亩追施尿素 10～15 公斤；对于三类苗麦田，第二次肥水管理应在拔节后期进行；对于冬前"一根针"或"土里捂"特晚播麦田，春季第二次肥水管理建议在拔节期进行，亩追尿素 8～10公斤。

2. **病虫害防治**。根据病虫害发生情况，及时开展纹枯病、茎基腐病、根腐病、红蜘蛛等病虫害的防治。密切监测小麦吸浆虫、白粉病、锈病等。

3. **预防"倒春寒"**。根据近期天气变化情况，没有浇水的麦田在发生剧烈降温前及时喷施芸苔素内酯、复硝酸钠等植物生长调节剂和叶面肥，提高植株抗寒性。

邢台市冬小麦"科技壮苗"专项行动服务周报

【2022】第 08 期

国家小麦产业技术体系邢台综合试验站
河北省小麦产业技术体系邢台综合试验站
邢台市农业综合服务中心农业技术推广站
邢 台 市 环 境 气 象 中 心

2022-04-11

一、气象条件

上周：4—6 日邢台市风力较大，最大风速出现在广宗 15.3 米/秒（7 级）。全市平均气温 17.8℃，较去年同期偏高 3.8℃，较常年同期偏高 4.3℃。邢台最高气温 35.1℃（沙河），7 日最低气温 0.7℃（新河）。全市平均日照时数为 68.9 小时，较常年同期偏多 19.3 小时。

预计未来一周：邢台市 11 日夜间阴有小雨，其他时段以多云到晴天气为主。11 日下午到夜间有偏北风 4～6 级，阵风 7～8 级，局地伴有扬沙或浮尘。11 日白天气温较高，受冷空气影响，12 日白天最高气温下降 10～15℃，将降至 17～19℃；13 日早晨最低气温下降 3～6℃，降至 6～8℃。

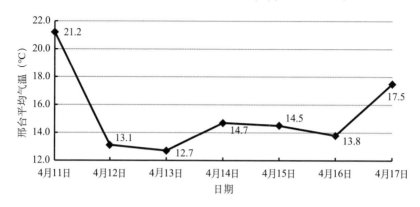

二、生产情况

邢台市麦田春生 6 叶（旗叶）露尖，基部第二节间接近定长，第三节间正在伸长，第四节间开始伸长，小麦穗分化进入药隔形成期。小麦的亩茎数开始回落，无效蘖继续退化。次生根继续增加。

全市 505.2 万亩小麦，一类苗面积 228.3 万亩，占比 45.2%，较上周增加 2.6 个百分点，较 2021 年同期减少 12.5 个百分点，较冬前增加 34.8 个百分点；二类苗面积 224.9 万亩，占比 44.5%，较上周减少 2.4 个百分点，较 2021 年同期增加 6.8 个百分点，较冬前增加 17.3 个百分点；三类苗面积 50 万亩，占比 9.9%，较上周减少 0.2 个百分点，较 2021 年同期增加 6.1 个百分点，较冬前减少 52.5 个百分点；旺苗面积 2 万亩，占比 0.4%，与上周持平，较 2021 年同期减少 0.4 个百分点。**一、二类苗比例达到 89.7%，较上周增加 0.2 个百分点，较 2021 年同期减少 5.7 个百分点，较冬前增加 52.1 个百分点，与常年基本持平。**

全市麦田平均亩总茎蘖数 118.3 万，较上周减少 3.8 万，较去年同期增加 14.1 万；春生叶龄平均 5.1，较上周增加 1，与去年同期持平；单株次生根平均 9.9 条，较上周增加 0.6 条，较去年同期增加 0.5 条；单株茎蘖平均 4.4 个，较上周减少 0.1 个，较去年同期增加 0.1 个。

三、科技服务

4 月 7 日，国家小麦产业技术体系西北农林科技大学举办小麦管理技术培训会，国家小麦产业技术体系邢台试验站站长景东林应邀作为专家进行了"水地小麦春季及中后期管理技术"线上培训。景东林结合今年小麦苗情及生长发育特点，提出春季水肥调控"稳一、保二、促三、争四"指导方针，建议提前预防倒春寒及病虫草害，注意后期倒伏和干热风，进行减损收获（下图左为景东林进行技术培训；下图右为西北农林科技大学资源环境学院报道）。

自上周以来，邢台市克服近期严峻疫情防控形势的影响，积极开展冬小麦

"科技壮苗"专项行动,不断优化服务措施,通过电话、短信、微信、分散指导等多种渠道,采取**"线上收集问题+线下开展指导"**相结合的服务方式,及时组织各地不误农时,开展春灌春防等麦田管理。累计开展苗情调查、技术指导和技术服务 860 余人次。

下图左为南和区农业技术人员开展苗情调查;下图右为邢东新区组织农民抢抓农时追施拔节肥。

下图左为信都区农业农村局进行田间指导;下图右为隆尧县农业技术人员查看晚播小麦发育进程。

四、技术建议

1. **肥水管理**。对于旺苗和一类苗群体较大的麦田,可在小麦拔节后期开展第一次肥水管理,亩灌水 50 立方米,随水亩追施尿素 10～15 公斤;对于三类苗麦田,在拔节后期进行第二次肥水管理,亩浇水 40～50 立方米,追施尿素 7～8 公斤。

2. **小麦病虫防治**。小麦吸浆虫蛹期和成虫期是两个防治关键期,小麦孕穗期正是吸浆虫化蛹期。可每亩选用 5% 辛硫磷颗粒剂 0.8～1 公斤,或 50%

辛硫磷乳油 200 毫升喷洒在 20 公斤左右细沙土上配成毒土，在上午 10 时以后田间无露水时均匀撒于麦田，施药后浇水防效更好。另外，需密切监测小麦白粉病、条锈病等发生情况。

3. **预防"倒春寒"**。根据近期天气变化情况，没有浇水的麦田在发生剧烈降温前及时喷施芸苔素内酯、复硝酸钠等植物生长调节剂和叶面肥，提高植株抗寒性。

邢台市冬小麦"科技壮苗"专项行动服务周报

【2022】第 09 期

国家小麦产业技术体系邢台综合试验站
河北省小麦产业技术体系邢台综合试验站
邢台市农业综合服务中心农业技术推广站
邢 台 市 环 境 气 象 中 心

2022-04-18

一、气象条件

上周：11 日傍晚到夜间邢台市出现雷阵雨或阵雨，全市平均降水量 6.9 毫米，其他时段以晴到多云天气为主；南宫、广宗出现冰雹，最大直径 2 厘米左右；隆尧、清河、威县、临西出现 8～9 级瞬时大风，最大清河 21.8 米 / 秒。全市平均气温 15.1℃，较去年同期偏高 0.2℃，与常年同期持平。邢台最高气温 33.9℃（浆水），最低气温 0.9℃（新河）。全市平均日照时数 43.2 小时，较常年同期偏少 12.6 小时。

预计未来一周：邢台市以晴到多云天气为主。18 日白天有偏北风 4～5 级，西部地区阵风 6～7 级；20 日白天到夜间有偏南风 4～5 级，阵风 6～7 级，其他时段风力 4 级以下。气温总体回升，受冷空气影响，22 日白天最高气温下降 10～11℃，将降至 19～20℃；23 日早晨最低气温下降 3～5℃，将降至 8～11℃。

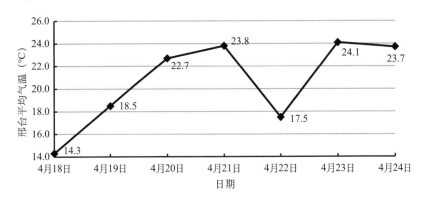

二、生产情况

邢台市麦田春生 6 叶（旗叶）展开，即挑旗，小麦进入孕穗期。基部第三节间将接近定长，第四节间正在伸长，第五节间（穗下节间）将开始伸长。小麦穗分化将进入四分体形成期，此时麦穗上的小花开始两极分化，凡达不到四分体的小花就要退化，不能受精结实。无效蘖继续衰亡。次生根继续增加。

全市 505.2 万亩小麦，一类苗面积 240.6 万亩，占比 47.6%，较上周增加 2.4 个百分点，较 2021 年同期减少 11 个百分点，较冬前增加 37.2 个百分点；二类苗面积 213.9 万亩，占比 42.3%，较上周减少 2.2 个百分点，较 2021 年同期增加 5.2 个百分点，较冬前增加 15.1 个百分点；三类苗面积 49.2 万亩，占比 9.7%，较上周减少 0.2 个百分点，较 2021 年同期增加 6.1 个百分点，较冬前减少 52.7 个百分点；旺苗面积 1.5 万亩，占比 0.3%，较上周减少 0.1 个百分点，较 2021 年同期减少 0.4 个百分点。**一、二类苗比例达到 89.9%，较上周增加 0.2 个百分点，较 2021 年同期减少 5.8 个百分点，较冬前增加 52.3 个百分点，与常年基本持平。**

全市麦田平均亩总茎蘖 97.7 万，较上周减少 20.6 万，较去年同期减少 1.9 万；春生叶龄平均 6，较上周增加 0.9，与去年同期持平；单株次生根平均 10.5 条，较上周增加 0.6 条，较去年同期增加 1 条；单株茎蘖平均 3.6 个，较上周减少 0.8 个，较去年同期减少 0.7 个。

三、科技服务

市农科院党组书记、院长路随增到信都区和宁晋县粮食产业示范基地调研小麦促弱转壮情况，指出要加强田间管理，科学分类指导，并注意小麦"倒春寒"预防工作（下图左）。国家小麦产业技术体系邢台试验站到任泽区开展小麦春季肥水管理、病虫害防治现场技术培训（下图右）。

　　自上周以来，邢台市克服近期严峻疫情防控形势的影响，积极开展冬小麦"科技壮苗"专项行动。印发了《2022年邢台市小麦中后期田间管理技术意见》；持续通过电话、短信、微信、分散指导等多种渠道，及时组织各地开展春灌、病虫情调查和综合防控；组织有关技术培训2次；开展苗情调查、技术指导和技术服务750余人次。

　　下图左为内丘县农业农村局开展技术培训；下图右为隆尧县农业农村局进行小麦病虫害防控讲解。

　　下图左为新河县开展"科技壮苗"专项行动；下图右为南宫市农技人员开展田间指导。

四、技术建议

　　1. **肥水管理**。小麦孕穗期，叶面积系数最大，需水最敏感，是防治小花退化，保花增粒关键期；同时随着气温升高，小麦生长茂盛，病虫害迅速发展。对于冬前弱苗麦田在孕穗期可进行肥水管理，进一步促进个体生长和穗粒数增加。亩浇水40～50立方米，追施尿素7～8公斤。

　　2. **小麦病虫防治**。及时防治白粉病和锈病。可亩用12.5%烯唑醇可湿性粉剂 40～50 克，或 25% 吡唑醚菌酯悬浮剂 30～40 毫升，或 25% 丙环唑乳油 35～40 毫升，兑水 30 公斤均匀喷施麦田。对于条锈病要采取"发现一点，控制一片，发现一片，喷施全田"策略。对发生蚜虫、红蜘蛛、纹枯病、茎基腐病的麦田，可根据病虫害发生情况，进行一喷综防。同时加入硼肥，可促进小花结实，增加穗粒数。

3. 预防"倒春寒"。密切关注近期天气变化情况，在发生剧烈降温前及时小水灌溉或者喷施芸苔素内酯等植物生长调节剂和叶面肥，提高植株抗寒性。

邢台市冬小麦"科技壮苗"专项行动
服务周报

【2022】第 10 期

国家小麦产业技术体系邢台综合试验站
河北省小麦产业技术体系邢台综合试验站
邢台市农业综合服务中心农业技术推广站
邢台市环境气象中心   2022-04-25

一、气象条件

上周：20 日白天、23 日白天邢台市部分县（市、区）出现 7～8 级大风，最大出现在皇寺 18.9 米 / 秒（8 级，20 日）。全市平均气温 18.9℃，较常年同期偏高 2.7℃。邢台最高气温 33.3℃（广宗），最低气温 0.9℃（新河）。全市平均日照时数为 99.8 小时，较常年同期偏少 6.4 小时。

预计未来一周：28 日白天阴有零星小雨，其他时段以多云到晴天气为主。25 日后半夜到 26 日白天有偏北风 4～6 级，阵风 7～8 级，其他时段风力 4 级以下。受冷空气影响，26—28 日气温持续下降，最高气温下降 14～16℃，28 日白天将降至 13～15℃；最低气温下降 9～10℃，29 日早晨将降至 5～9℃。

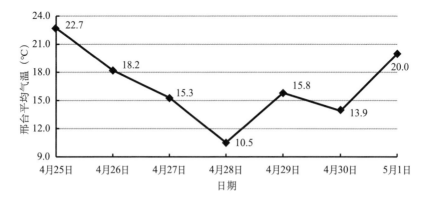

二、生产情况

邢台市主体麦田陆续抽穗，与去年相近，较常年偏早四天左右。穗下节间

（第 5 节间）迅速伸长，可每天生长 3～5 厘米，倒数第二节间（第 4 节间）接近定长。春生第 1 叶开始衰老，无效蘖继续衰亡，次生根数量达峰值。小麦将进入生殖生长阶段，性细胞发育加快，雌蕊二歧状柱头展开，子房内大孢子母细胞进一步发育成胚囊，雄蕊花粉囊内小孢子母细胞进一步发育成三核花粉粒。

全市 505.2 万亩小麦，一类苗面积 251.6 万亩，占比 49.8%，较上周增加 2.2 个百分点，较冬前增加 39.4 个百分点；二类苗面积 204.4 万亩，占比 40.5%，较上周减少 1.8 个百分点，较冬前增加 13.3 个百分点；三类苗面积 49.2 万亩，占比 9.7%，同上周持平，较冬前增加 52.7 个百分点。**一、二类苗比例达到 90.3%，较上周增加 0.4 个百分点，较冬前增加 52.7 个百分点，与常年基本持平。**

全市麦田平均亩总茎蘖数 80.2 万，较 2021 年同期减少 4.2 万；平均亩有效茎蘖 56.3 万，较 2021 年同期减少 1.3 万；单株次生根平均 10.8 条，较 2021 年同期增加 0.7；单株茎蘖平均 2.9 个，较 2021 年同期减少 0.5 个。

三、科技服务

4 月 18 日，国家小麦产业技术体系邢台综合试验站到柏乡县同柏乡县农业农村局科技人员共同调查小麦病虫害发生情况，根据目前麦田病虫害发生趋势，应加强中后期小麦纹枯病、茎基腐病、锈病、吸浆虫和蚜虫综合防治工作，虫口夺粮，为 2022 年小麦丰收奠定基础（下图左）。邢台市农科院副院长杨玉锐带领栽培室科技人员到宁晋县年丰家庭农场等粮食种植主体，针对不同类型麦田苗情进行小麦后期管理指导，提出注意防治后期小麦倒伏、早衰和干热风（下图右）。

自上周以来，邢台市个别县（区）受疫情形势影响采取了封控措施，各级

农业农村部门一手抓疫情、一手抓生产，以"一保两增"（保穗数、增粒数、增粒重）和"三防"（防倒伏、防早衰、防干热风）为目标，积极开展小麦病虫害调查，组织开展穗期"一喷三防"和抽穗扬花水灌溉工作。组织收看学习国家小麦体系技术讲座，并通过电话、微信、网络平台、新闻媒体等多渠道进行技术宣传和技术指导。累计开展苗情调查、技术指导和技术服务 500 余人次，发放明白纸、技术挂图等宣传资料 3 000 余份。

下图左为王志敏教授和马忠华教授进行线上技术讲座；下图右为清河县和沙河市技术站线上"云"指导。

下图左为宁晋县田间指导登上央视客户端；下图右为新河县农技人员发放病虫害防控技术挂图。

【央视频客户端】河北宁晋：田间指导为
夏粮丰产提供科技支撑
2022/04/21

四、技术建议

1. **肥水管理**。抽穗扬花是小麦植株新陈代谢最旺盛的阶段，也是需水临界期。对于墒情不足的麦田要浇好抽穗扬花水，保障后期灌浆所需水分。对于冬前"一根针"和"土里捂"麦田，抽穗扬花期可补施尿素 3～5 公斤，以保粒数增粒重，亩灌水 30～40 立方米。对于春季追肥不足的麦田，可结合灌溉亩追尿素 5～7 公斤。灌溉时要避开大风天气防止倒伏，喷灌地块注意错开扬花盛期。

2. **病虫害防治**。小麦抽穗扬花期正是小麦赤霉病和吸浆虫防治关键期。应在小麦齐穗期至扬花前开展赤霉病和吸浆虫防治，结合小麦条锈病踏查和白粉病、蚜虫发生情况，选用杀菌剂、杀虫剂和生长调节剂开展"一喷三防"。通过一喷多效措施，着重加强小麦条锈病、赤霉病、白粉病、吸浆虫、蚜虫等小麦中后期病虫害的综合防治，兼防早衰和干热风。

3. **防灾减灾**。抽穗扬花期小麦对低温敏感，据市气象部门预测本月 26 日至月底有一次降温天气过程，应密切关注低温程度和持续时间等情况，通过喷施芸苔素内酯等植物生长调节剂和叶面肥，提高植株抗逆性。

邢台市冬小麦"科技壮苗"专项行动服务周报

【2022】第 11 期

国家小麦产业技术体系邢台综合试验站
河北省小麦产业技术体系邢台综合试验站
邢台市农业综合服务中心农业技术推广站
邢 台 市 环 境 气 象 中 心　　　　　　　　2022-05-02

一、气象条件

上周：邢台市平均降水量 5.7 毫米，降雨主要出现在 27 日夜间到 28 日上午。26 日上午皇寺、内丘出现 7～8 级大风，最大风速出现在皇寺 17.8 米 / 秒（8 级）。全市平均气温 16.4℃，较去年同期偏低 0.4℃，较常年同期偏低 1.7℃。邢台最高气温 29.4℃（南宫），最低气温 1.8℃（清河）。全市平均日照时数为 32.5 小时，较常年同期偏少 25.4 小时。

预计未来一周：邢台市 6 日夜间到 7 日白天阴有小雨或零星小雨，其他时段以晴到多云天气为主。4～6 日有阵风 6～8 级，其他时段风力 4 级以下。受冷空气影响，6—7 日白天最高气温持续下降 12～14℃，7 日白天最高气温将降至 18～19℃；7—8 日早晨最低气温持续下降 6～8℃，8 日早晨最低气温将降至 9～12℃。

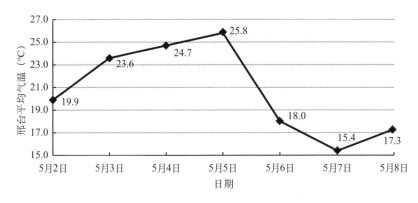

二、生产情况

目前邢台市主体麦田已经进入扬花期,开始扬花受精,小麦生长中心开始由营养和生殖生长并进时期转移到生殖生长时期。小麦抽穗后 3～5 天扬花,雄蕊花粉粒成熟,花药裂开花粉粒落到雌蕊羽状柱头上,1～2 小时即可萌发长出花粉管,花粉管深入到雌蕊珠心释放两个精核,并在 24～36 小时完成双受精过程,即一个精核同卵细胞结合将来发育成胚,另一个精核同极核结合将来发育成胚乳。从受精到坐脐,胚乳细胞开始快速分裂,此时胚乳的细胞分裂数目同将来籽粒的大小和重量成正比,是决定籽粒潜在库容的关键时期。小麦扬花后穗下节间定长,各节间不再伸长,小麦株高确定,营养器官全部建成。春生第 2 叶衰老,近根叶全部死亡,无效蘖基本衰亡,麦脚开始利索,次生根也不再增加,根系活力开始慢慢减退。

全市 505.2 万亩冬小麦,一类苗面积 251.6 万亩,占比 49.8%,平均亩穗数 48.5 万;二类苗面积 204.4 万亩,占比 40.5%,平均亩穗数 47.1 万;三类苗面积 49.2 万亩,占比 9.7%,平均亩穗数 42.3 万。**全市一二类苗占比 90.3%,平均亩穗数 47.3 万,较去年增加 1 万。**

三、科技服务

5 月 1 日,河北省省长王正谱、省政府秘书长朱浩文、省农业农村厅党组书记王国发等一行来邢台市调研检查小麦生长情况。王正谱在沙河市十里亭查看了我市麦田长势后指出,当前是小麦生长关键时期,要有针对性地加强田间管理,抓好病虫害、干热风防治,奋力夺取河北省夏粮丰收(下图左)。4 月 29 日,市农业农村局二级调研员马东邦率种植业管理科、技术站、植保站有关技术人员,会同省小麦产业技术体系邢台试验站赴信都区调研当前全市小麦长势、病虫害发生情况以及近期降温天气对小麦生长发育的影响(下图右)。

4月28日，邢台市农科院副院长杨玉锐正高级农艺师带领粮作所科技人员前往河北朴耕农业科技发展有限公司，就目前小麦病虫害专业化统防统治技术进行技术培训（下图左）。4月29日，国家小麦产业技术体系邢台综合试验站到任泽区指导小麦中后期管理工作（下图右）。

4月26日，邢台市部分县市区组织农业技术人员下沉一线，开展小麦"一喷三防"田间日活动，强调小麦生育后期通过采取病虫害和气象灾害综合防控措施，助力夏粮丰产丰收。

下图左为沙河市开展田间日活动；下图右为新河县农技人员调查穗期群体。

四、技术建议

1. **病虫害防治。**由于4月28日、30日邢台市部分区域出现小雨天气过程，对于扬花期遇雨的田块，如果雨前进行"一喷三防"作业，建议天气转好后抓紧再补喷一次。以防止赤霉病、条锈病等病害进一步蔓延。

小麦中后期是进行"一喷三防"的重要时期，在进行杀菌剂、杀虫剂、微肥、生长调节剂复配过程中应坚持**"复配农药不产生拮抗作用，不产生药害，**

兼顾成本"原则，并注意以下事项：在混配农药的时候，坚持同性混配（酸性药剂不能与碱性药剂混配，化学农药不能与生物农药混配）；混配时将各类药剂先配成母液，再逐项复配；配制顺序为微肥-可湿性粉剂-胶悬剂-水剂-乳油；在配制时应先加水，再逐项按序加入药剂（母液），每加入一种药剂都要均匀搅拌；混治减量（治同一种病虫害时混配应减量），单治各量（治不同病虫害时混配按单独防治用量）；配制的药剂要现配现用，不宜久放。

2. **肥水管理**。视土壤墒情状况，本周可继续开展扬花灌浆水灌溉。由于刮风天气增多，灌溉时要注意灌水量并避开大风天气防止倒伏，喷灌地块注意错开扬花盛期。

邢台市冬小麦"科技壮苗"专项行动服务周报

【2022】第 12 期

国家小麦产业技术体系邢台综合试验站
河北省小麦产业技术体系邢台综合试验站
邢台市农业综合服务中心农业技术推广站
邢台市环境气象中心

2022-05-09

一、气象条件

上周：邢台市平均降水量 4.1 毫米，10 毫米以上出现在内丘、沙河、信都，最大信都区大寨村 13.9 毫米，降雨主要出现在 8 日白天到夜间。4—6 日全市出现 7～9 级大风，最大出现在皇寺 20.9 米/秒（9 级）。全市平均气温 19.4℃，较去年同期偏低 0.3℃，与常年同期持平。全市最高气温 34.4℃(临城，4 日)，最低气温 6.8℃（沙河，2 日）。全市平均日照时数 50.8 小时，较常年同期偏少 2.7 小时。

预计未来一周：邢台市 9 日白天、11 日夜间到 12 日白天阴有小雨，其他时段以晴到多云天气为主。风力在 4 级以下。气温总体偏低，受冷空气影响，10 日早晨、14 日早晨最低气温以及 12 日白天最高气温有所下降，15 日开始气温明显回升。

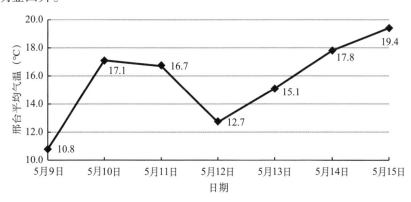

二、生产情况

目前全市主体麦田已扬花受精,进入籽粒形成阶段。从受精坐脐开始,历时 10～12 天。此期胚和胚乳迅速发育,该期明显特点是籽粒长度增长最快,宽度和厚度增长缓慢;籽粒含水量急剧增加,含水率达 70% 以上,干物质增加很少,千粒重日增长 0.4～0.6 克;当籽粒外观由灰白逐渐转为灰绿,含水率下降到 65% 左右,胚乳由清水状变为清乳状,籽粒长度达最大长度四分之三,即"多半仁"时,该过程结束。此时小麦胚胎形成,初具胚的雏形,具有发芽并形成幼苗的能力;籽粒胚乳细胞数目依品种和环境不同可分化 10 万～20 万个,这为后来籽粒粒重大小奠定基础。该期注意保持根系活力,延长叶片功能期,抗灾防病虫。

视墒情在灌浆初期及时浇好灌浆水,注意防倒伏,对抽穗后叶色转淡、供氮、磷、钾不足的麦田,可用 2%～3% 的尿素溶液或 0.3%～0.4% 的磷酸二氢钾溶液,每亩 50 公斤进行叶面喷施,并注意防治白粉病、锈病、蚜虫、赤霉病等病虫害。此时小麦有效穗数确定,春生第 3 叶(茎生第 2 叶)开始衰老。

三、科技服务

5 月 2 日国家小麦体系邢台综合试验站在小麦良种示范田指导小麦中后期"一喷三防"和去杂保纯工作,确保小麦高产高效(下图左)。国家小麦产业技术体系岗位科学家、河南农业大学王永华教授开展"紧抓后期麦田管理,助力夏粮丰产丰收"线上技术培训,转发到示范县群进行学习(下图右)。

本周邢台市小麦生产田间管理主要围绕"一喷三防"和扬花灌浆水灌溉工作展开。各县(市、区)农技人员深入田间开展授粉结实情况调查、病虫害防控和生产技术指导。

下图左为平乡县组织无人机开展"一喷三防"作业；下图右为巨鹿县技术站开展小麦后期技术指导。

下图左为隆尧县开展小麦中后期管理技术培训；下图右为柏乡县开展小麦中后期病虫害调查。

四、技术建议

1. **病虫害防治**。5月8—9日，邢台市出现小到中雨天气，全市平均降水量7.7毫米。降雨过程可诱发赤霉病、锈病、白粉病发生，建议雨后全面进行一次"一喷三防"作业，防止病虫害蔓延。

2. **肥水管理**。降雨后视土壤墒情状况，本周可继续开展灌浆水灌溉。由于刮风天气增多，灌溉时要遵循"无风快浇、有风慎浇、风大停浇"原则，并注意灌水量，防止倒伏。

3. **灌浆期低温影响**。本周邢台市总体气温偏低，5月10日凌晨局地最低气温将跌至5℃以下。低温将延长小麦灌浆时间、延缓小麦灌浆速率。另外，阴雨寡照天气也会影响光合作用，减少光合同化物的积累。要高度重视后期"保根护叶防早衰"有关技术措施的落实，建议可以结合"一喷三防"，喷施氨基酸水溶肥、磷酸二氢钾等叶面肥，提高植株抗逆能力。

邢台市冬小麦"科技壮苗"专项行动服务周报

【2022】第 13 期

国家小麦产业技术体系邢台综合试验站
河北省小麦产业技术体系邢台综合试验站
邢台市农业综合服务中心农业技术推广站
邢台市环境气象中心   2022-05-16

一、气象条件

上周：邢台市平均降水量 14.6 毫米，25 毫米以上出现在信都、内丘、沙河，最大信都区大寨村 38.1 毫米。降雨主要出现在 9 日白天、11 日白天到 12 日夜间。全市平均气温 14.9℃，较去年同期偏低 5.8℃，较常年同期偏低 4.7℃。全市最高气温 28.4℃（任泽，15 日），最低气温 5.0℃（柏乡，10 日）。全市平均日照时数 36.4 小时，较常年同期偏少 15.9 小时。

预计未来一周：邢台市以晴到多云天气为主，最高气温 30～32℃（21 日），最低气温 13～16℃（16 日），气温较平稳总体呈缓慢回升趋势；风力在 4 级以下。

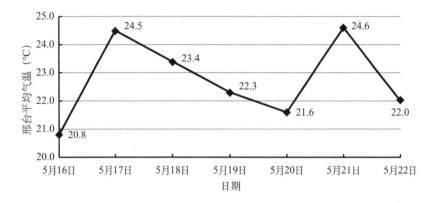

二、生产情况

目前全市主体麦田已进入乳熟期。小麦"多半仁"后进入籽粒灌浆阶段，此时籽粒长度继续增长，宽度和厚度也明显增加。随着体积的增大，胚乳细胞中的淀粉体迅速沉积淀粉，并不断分化形成新的淀粉粒，籽粒干物重积累开始加快，籽粒含水量比较平稳，籽粒清乳状逐渐变得黏稠，千粒重日增长量可达1～1.5克，此期是粒重增长的主要时期。

灌浆期需要适宜的温度、光照、水分和矿物质营养等外部条件和植株前期生长贮藏的营养物质。灌浆期最适宜温度为20～22℃，高于25℃或低于12℃均不利于灌浆；光照不足影响光合作用，并阻碍光合产物向籽粒中转移；在灌浆前期需保持田间持水量的70%，低于50%会使籽粒秕瘦；磷钾营养充足可促进物质转化，提高灌浆强度。籽粒中的干物质有20%～30%来自抽穗前的有机物积累，有70%～80%来自抽穗后茎、叶、穗等绿色部分光合产物。所以后期的养根护叶非常重要。

据近期农技推广部门调查，全市505.2万亩冬小麦，平均亩穗数47.3万，较2021年增加1万；平均穗粒数28～33粒，较2021年略低；预估千粒重较2021年持平或略增。**预计单产、总产较2021年持平或略增。**

三、科技服务

5月10日，国家小麦产业技术体系首席科学家刘录祥研究员主持召开国家小麦体系岗站长视频会议，针对近期网上流传的"青贮小麦"事件，开展紧急调研排查，商讨毁麦青贮发生的原因、范围、危害及防范措施。5月13日，河北省农技推广总站孟建科长、王平高级农艺师来宁晋县调研考察小麦大田长势和预产情况，河北省小麦产业技术体系邢台试验站和市农业技术推广站有关人员陪同考察（下图左）。5月16日，全国小麦专家组顾问、河北省小麦育种首席专家郭进考研究员来隆尧县考察"马兰1号"高产示范田，市农业农村局二级调研员马东邦和市农业技术推广站有关人员陪同考察（下图右）。

本周邢台市小麦生产田间管理主要围绕小麦灌浆期喷施叶面肥和灌溉工作展开。各县（市、区）农技人员深入田间开展小麦预产情况调查和后期防灾减灾生产技术指导。

下图左为南和区技术骨干进行小麦植株性状调查；下图右为柏乡县农业农村局进行产量性状调查。

下图左 1 为威县县委书记崔耀鹏主持召开春播春管部署会；下图左 2 为清河县农业农村局开展"一喷三防"作业；下图右 2 为广宗县农业农村局密切监测严防小麦条锈病危害；下图右 1 为任泽区农业农村局出台严禁毁麦通告。

四、技术建议

1. 肥水管理。据气象部门预测，本周风力较小，处在小麦快速灌浆期，可视土壤墒情状况，开展小水喷浇灌浆水。小麦灌浆期是籽粒形成的关键期，浇水能有效地以水调肥，以肥养根，以根护叶，促进灌浆，减轻干热风危害，提高粒重。但浇灌浆水应注意在小麦生长后期不浇，大风天不浇，浇水不过量。

2. **防灾减灾**。小麦进入灌浆期后，植株的抗病能力开始降低。由于田间通风透光差，十分有利于病虫害的发生和蔓延。此期发生最普遍为害最严重的病虫害有白粉病、叶锈病、条锈病、叶枯病和蚜虫，这些病虫在适宜的环境条件下，蔓延速度非常快，对小麦造成的减产也最严重。因此，要加强病虫害监测，选择对路药剂及时防治。同时可加入氨基酸水溶肥、磷酸二氢钾等叶面肥，增强小麦养根护叶抗早衰能力。

邢台市冬小麦"科技壮苗"专项行动服务周报

【2022】第 14 期

国家小麦产业技术体系邢台综合试验站
河北省小麦产业技术体系邢台综合试验站
邢台市农业综合服务中心农业技术推广站
邢 台 市 环 境 气 象 中 心   2022-05-23

一、气象条件

上周：20 日 14—18 时，邢台市西部山区出现分散性雷阵雨或阵雨，降雨区平均降水量 0.6 毫米，最大沙河蝉房石盆 4.7 毫米。17 日邢台皇寺出现 8 级瞬时大风（18.8 米 / 秒）。全市平均气温 23.8℃，较去年同期偏高 2.6℃，较常年同期偏高 1.9℃。全市最高气温 35.5℃（沙河，17 日），最低气温 8.3℃（柏乡，16 日）。全市平均日照时数 77.3 小时，较常年同期偏多 16.9 小时。

预计未来一周：23 日下午邢台市西部山区短时阴有分散性阵雨或雷阵雨，雷雨时局地伴有短时大风，其他时段以晴到多云天气为主；24 日夜间到 25 日白天全市有偏北风 4～6 级，阵风 7～8 级；27—29 日邢台市将出现 35℃以上高温天气过程。

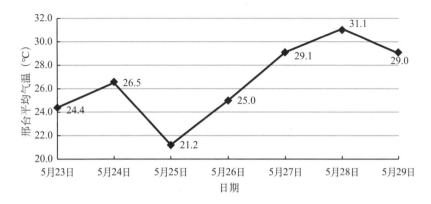

二、生产情况

目前已到"小满"节气，全市主体麦田已进入乳熟中后期。小麦籽粒长度、宽度和厚度继续增加，体积快速增大。随着体积的快速增大，茎节、叶片、叶鞘中的营养物质快速向籽粒转移，籽粒含水量由70%下降到45%，胚乳由清乳状变为乳状，千粒重日增长量可达2克。此时籽粒灌浆速度达峰值，籽粒体积达最大值，俗称"顶满仓"。籽粒外观由灰绿变鲜绿，继而转为绿黄色，表面有光泽。此时倒4叶基本衰亡，倒三叶开始叶尖发黄。

俗话说"小满不满，存在风险"。小满时节籽粒灌浆速度须达到高峰，如果此时灌浆还达不到高峰，以后的条件就难以再达到高峰了，从而影响产量；小满以后，气温升高，土壤蒸发和植株蒸腾加大，而且干热风会出现，影响正常灌浆；小满时节如果没有降雨，土壤干旱，也会影响正常灌浆，即使以后再有降雨由于错过最佳灌浆期和植株的衰竭也于事无补，籽粒也会灌浆不好；小满后随着植株中的营养物质向籽粒输送，植株重心上移，小麦倒伏风险加大。2022年的晚播小麦生育期略迟，应加强后期管理，促进灌浆，增加粒重。

三、科技服务

疫情防控不放松，科技培训不懈怠。5月20日，邢台市农业科学研究院开展线上技术培训会，市区设主会场，有关县市区设分会场，种植大户、农民还可通过手机腾讯会议终端同步接受培训。会议由农科院书记、院长路随增致辞，副院长杨玉锐主持。邀请国家、省、市顶级专家进行授课，以"护好米袋子，提质菜篮子"为主题。其中河北省农林科学院小麦栽培专家贾秀领研究员就小麦节水高效栽培技术进行培训，为今年小麦后期节水管理，确保夏粮丰收提供科技助力（下图左）。5月23日，省农业技术推广总站周进宝站长和秦新敏科长来我市柏乡县考察"冀麦U80"等小麦新品种田间长势，并对抓好后期田间管理、提升小麦籽粒品质提出具体指导意见。省小麦体系邢台站、市技术站和种子站有关人员陪同考察（下图右）。

本周全市小麦生产田间管理继续围绕小麦灌浆期"一喷三防"和灌溉工作展开。各县（市、区）农技人员一方面深入田间进行小麦后期管理指导、调查病虫害防控效果，另一方面开启小麦收获前的各项准备工作。

下图左为清河县开展小麦中后期"一喷三防"作业；下图右为内丘县技术站进行小麦灌浆期病虫害防控效果调查。

下图左为南宫市召开保障粮食安全制止毁麦行为部署会；下图右为宁晋县收看全国"三夏"生产调度暨小麦机收部署会。

四、技术建议

1. **肥水管理**。小满后再过 20 多天小麦就要收获，此时正是小麦快速灌浆期，可视土壤墒情状况，开展小水喷浇灌浆水。再到小麦后期只进行叶面喷施磷酸二氢钾，不进行灌水。因为后期一方面根系活力和吸收能力减弱，对环境的反应变得脆弱，浇水会引起根部快速死亡，地上早衰；另一方面适当的水分胁迫有利于加速营养物质向籽粒中输送；再者后期灌水更宜增加小麦倒伏危险性。

2. **防止倒伏**。下周刮风天气增多，风量增大，又处在小麦生育中后期，随着籽粒灌浆，植株重心上移，容易发生倒伏。发生倒伏的小麦水分养分运输受阻，影响小麦正常成熟，降低千粒重，造成减产。若发生倒伏后，不要人工扶起和扎把，应顺其自然，小麦茎节处会慢慢恢复背地生长，使其穗部逐步抬起；可喷施磷酸二氢钾以促进生长和灌浆；倒伏后的麦田重叠透气性差，容易发生条锈病、白粉病，在施液肥时可以混配杀菌剂一起喷施；倒伏的麦田人工施药过程中易踩踏折断小麦，建议选用无人植保机施药肥较好。

邢台市冬小麦"科技壮苗"专项行动服务周报

【2022】第 15 期

国家小麦产业技术体系邢台综合试验站
河北省小麦产业技术体系邢台综合试验站
邢台市农业综合服务中心农业技术推广站
邢 台 市 环 境 气 象 中 心

2022–05–30

一、气象条件

上周：23 日白天邢台市西部地区出现雷阵雨或阵雨，降雨区平均降水量 3.7 毫米，最大小时雨量沙河蝉房花木 30.7 毫米。25—29 日，邢台市出现 6～8 级瞬时大风，最大出现在皇寺 17.8 米 / 秒（8 级，25 日）。其他时段以晴间多云天气为主。全市平均气温 25.2℃，较去年同期偏高 1.8℃，较常年同期偏高 2.1℃。全市最高气温 35.9℃（任泽，27 日），最低气温 10.8℃（柏乡，27 日）。平均日照时数 77.8 小时，较常年同期偏多 12.2 小时。

预计未来一周：6 月 4 日邢台市西部山区有分散性雷阵雨或阵雨，雷雨时局地伴有短时大风，其他时段以晴到多云天气为主；5 月 31 日白天到夜间有偏南风转偏北风 4～6 级，阵风 7～8 级；5 月 31 日、6 月 2—3 日邢台市将出现 35℃以上高温天气过程。

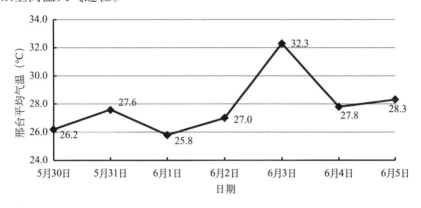

二、生产情况

邢台市主体麦田已进入乳熟后期，正在向面团期过渡。小麦籽粒长度、宽度、厚度、体积达最大值后，茎节、叶片、叶鞘绿色部分制造的营养物质向籽粒转移的速度开始减慢，籽粒含水量由45%下降到40%～38%，籽粒干物重增加转慢，籽粒表面由绿黄色变为黄绿色，失去光泽，胚乳成面筋状，籽粒体积开始缩减，此期是穗鲜重最大时期。倒三叶功能逐渐减退，叶片慢慢开始发黄。

在小麦籽粒形成与成熟过程中，籽粒干重与含水率各有一定规律性。籽粒受精发育后，由于碳水化合物等有机物的输入和积累，籽粒重量不断增加，其增加速度有"慢-快-慢"的变化。即籽粒形成期增加速度缓慢，输送籽粒中的有机物主要用于籽粒形态建成；乳熟期增加较快，籽粒形成以后，输送进来的物质主要是贮存积累；蜡熟期植株开始衰亡，物质生产量开始下降，输送给籽粒的光合产物也减少，整个过程是"S"曲线。

三、科技服务

5月27日，河北省召开"三夏"生产暨地下水超采综合治理工作电视电话会议，副省长时清霜主持会议并讲话。他强调，要深入贯彻全国"三夏"生产工作推进会议精神，在做好疫情防控的同时，全力打好"三夏"生产硬仗。市农科院书记、院长路随增参加会议，邢台宁晋县等做典型发言。5月27日，邢台市科学技术协会、邢台市农业农村局、邢台市农业科学研究院、河北省家庭农场联合会共同举办"第二届邢台市新型职业农民爱科技用科技大奖赛"第二阶段农博士选拔赛。从30名"田秀才"中遴选出16名"农博士"。下一步再根据田间现场实产推举出3名小麦"粮王"（下图左）。5月25日，邢台市农业农村局二级调研员马东邦率市技术站、种子站，会同省小麦产业技术体系邢台试验站，赴临西县河北旺丰种业有限公司省小麦品种区试点考察小麦品种后期田间表现（下图右）。

"小麦一日不收，服务一日不停"。本周邢台市小麦生产主要围绕小麦灌浆后期田间管理展开。河北省科技专家及各县（市、区）农技人员深入田间地头，通过技术培训、录制视频、发送微信、现场指导等不同形式，重在防病虫、防倒伏、防干热风，努力实现全市小麦颗粒归仓。

下图左为省农科院专家来宁晋县开展旱作雨养小麦技术培训；下图右为邢台农科院科研人员在录制小麦后期管理视频。

下图左为南和区农业农村局召开"三夏"安全生产、农机手技能培训暨疫情防控培训会；下图右为威县农技人员赴田间开展小麦后期技术指导。

四、技术建议

1. **后期注意事项**。再过 10~15 天，小麦即可成熟收获。一是不宜再浇水。因为后期浇水不但会造成倒伏，还会引起根部快速死亡，地上部早衰，影响产量；二是不宜再喷施农药。因为每种农药都有不同的安全间隔期，根据作物部位和农药降解规律，一般在小麦收获前两周就不再喷施化学农药，以免造成小麦农药残留，危害健康。

2. **防止干热风**。干热风亦称"干旱风""热干风""火南风"，是小麦生长发育后期的一种高温低湿并伴有一定风力的农业气象灾害。指标为：14时气温≥30℃，田间相对湿度≤30%，风力≥3米/秒。小麦在干热风过程中，蒸腾强度增大，水分供需失调，叶功能减弱，正常的生理活动受到抑制或破坏，促使小麦灌浆期缩短，千粒重下降，严重时可使小麦青干逼熟。在发生干热风天气前可喷施磷酸二氢钾和氨基酸水溶液，增强植株保水能力，补充叶面营养，提高叶面光合强度，有效改善小麦生理机能，促进灌浆，增强小麦对干热风的抗性。

邢台市冬小麦"科技壮苗"专项行动服务周报

【2022】第 16 期

国家小麦产业技术体系邢台综合试验站
河北省小麦产业技术体系邢台综合试验站
邢台市农业综合服务中心农业技术推广站
邢 台 市 环 境 气 象 中 心

2022-06-06

一、气象条件

上周：5 月 31 日、6 月 2—3 日、6 月 5 日邢台市出现 35℃以上高温天气过程，最高气温任泽 39.1℃；5 月 31 日—6 月 1 日内丘、巨鹿、广宗、隆尧、邢台皇寺出现 8 级瞬时大风，最大巨鹿 19 米/秒；6 月 4 日出现分散性阵雨，降雨区平均 0.5 毫米，最大巨鹿苏营 2.3 毫米，其他时段以晴到多云天气为主。全市平均日照时数 75.7 小时，较常年同期偏多 17.2 小时。

预计未来一周：邢台市以晴到多云天气为主，6 日下午有偏北风 4～5 级，平原局地阵风 6～7 级，其他时段风力 4 级以下。

二、生产情况

邢台市主体麦田已进入蜡熟期。小麦籽粒含水率由 40%～38% 急剧降至 22%～20%，籽粒由黄绿色变为黄色，胚乳由面筋状变为蜡质状。叶片大部分枯黄，倒二叶变黄，旗叶逐渐变黄，节间也逐渐呈金黄色。蜡熟末期籽粒干重达最大值，是生理成熟期。当籽粒含水率下降到 20% 以下，干物质停止积累，体积缩小，籽粒变硬，俗称"硬仁"，即到小麦完熟期。完熟期小麦籽粒由于呼吸消耗，干重较蜡熟末期有所下降。

小麦熟相可分为正常落黄、早衰和贪青三种类型。**正常落黄型**植株营养器官正常衰老，物质输出过程与籽粒灌浆过程协调同步，营养器官转色适时而平稳，黄中带绿，熟而不枯，成熟正常呈金黄色。**早衰型**植株营养器官过早衰老，物质输出过程早于籽粒灌浆过程，营养器官转色过早、过快，或未遇高温胁迫也提早衰亡，生育期缩短，导致非正常成熟-整株黄枯，籽粒不饱满。**贪青型**植株营养器官的衰老和物质运输过程落后于籽粒灌浆过程，营养器官转色晚而慢，生育期延迟，后期高温逼熟，导致非正常成熟-青枯，籽粒瘦秕。小麦熟相受品种和环境条件的制约，栽培中通过建立合理群体结构，保持氮磷钾及微量元素平衡，合理运筹水肥等，可在一定程度上调节熟相向正常落黄方向发展，保证籽粒灌浆正常进行。

三、科技服务

"三夏"麦收在即，为确保农机安全生产，实现夏粮颗粒归仓，6 月 3 日，任泽区开展"三夏"突发疫情情况下小麦机收演练。邢台市农业农村局党组书记邱海飚、邢台市农业农村局调研员宋振学、任泽区委副书记杨晓明、区领导张焕君出席活动，相关乡镇（区）、区直单位负责同志参加活动（下图左）。6 月 1 日，省农技推广总站张忠义副站长、节水科郭明霞赴平乡县调研考察小麦-玉米浅埋滴灌种植区小麦长势，并邀请国家小麦产业技术体系邢台试验站景东林站长、河北省农林科学院谷子研究所董志平研究员、邢台市农校赵雪萍教授对项目区小麦进行了现场测产。邢台市农业综合服务中心齐福众主任、省小麦产业技术体系邢台试验站李艳站长陪同考察（下图右）。

　　6 月 2 日，市局二级调研员马东邦率市技术站技术人员赴宁晋县考察冬前"一根针""土里捂"及旱作雨养区小麦当前长势情况，并指导当地做好小麦后期田间管理（下图左）。5 月 31 日，省小麦产业技术体系邢台试验站开展试验示范田小麦成熟期测产工作，对南和区阎里基地 34 个小麦品种各不同处理的亩穗数、穗粒数进行了逐一测定（下图右）。

　　6 月 1 日，国家小麦技术体系邢台综合试验站在巨鹿县沙井村举办小麦后期栽培技术培训会，站长景东林就小麦后期田间管理尤其是适期和减损收获做了详细讲解，50 余名种植大户参加培训（下图左）。6 月 4 日，邢台市农业科学研究院副院长杨玉锐带领栽培研究室技术人员到南和区田间调查小麦三因素，分别就小麦一、二、三类苗进行田间考察、测产，探索不同生产模式下小麦生长发育规律（下图右）。

　　为最大限度地服务好麦收工作，邢台市在市域内的各个高速公路的出口，国、省干道的交通要道设立了接待服务站和跨区作业服务站点，为出站农机特别是跨区农机开辟绿色通道。共设立了 131 个接待服务站和 174 个跨区作业服务站，提供免费核酸检测和"送油进村到田"等服务。同时，为做好"三夏"期间技术保障，邢台市成立了 90 个农技服务小分队分赴各乡镇开展夏收夏种技术服务，深入田间地头开展技术培训和技术宣传。

下图左为宁晋县召开"三夏"生产应对突发奥密克戎疫情应急演练会议；下图右为清河县开展"三夏"生产与疫情防控演练。

下图左为南和区农业农村局农技人员赴田间进行小麦测产；下图右为内丘县技术人员在五郭店乡开展小麦测产工作。

本周共出动农技人员 421 人次，指导农民 1 650 余人次，发放宣传册、明白纸等技术资料 2 100 余份。

下图左为柏乡县技术人员在北孙村开展技术指导；下图右为临城县农技人员在鸭鸽营乡指导麦收工作。

四、技术建议

1. **适时收获**。小麦机收宜在蜡熟末期至完熟初期进行，此时产量最高，品质最好。小面积收获宜在蜡熟末期，大面积收获宜在蜡熟中期。留种用的麦田宜在完熟期收获。时刻观测天气，如预报有雨或品种易落粒、折秆、折穗、穗上发芽等情况，应适当提前收获为好。

2. **减损收获**。提前做好小麦收割机的检修调整等准备工作，保证机具性能良好，减少机械损失；作业时应根据小麦品种、高度、产量、成熟程度及秸秆含水率等情况来选择作业档位，用作业速度、割茬高度及工作幅宽来调整喂入量，使机器在额定负荷下工作，尽量降低夹带损失，避免发生堵塞故障。**注意"四不一应"方法**：即不过早收获，不过晚收获，不过快收获，不转弯收获，应逆向收获（倒伏）。

邢台市冬小麦"科技壮苗"专项行动服务周报

【2022】第 17 期

国家小麦产业技术体系邢台综合试验站
河北省小麦产业技术体系邢台综合试验站
邢台市农业综合服务中心农业技术推广站
邢 台 市 环 境 气 象 中 心   2022-06-13

一、气象条件

上周：邢台市多分散性雷阵雨或阵雨，平均降水量 6.9 毫米，50 毫米以上临城郝庄 71.3 毫米、官都村 70.2 毫米、石家栏 60.6 毫米。8 日内丘出现 23.1 米/秒（9 级）的短时大风，12 日隆尧出现 17.9 米/秒（8 级）的短时大风。全市平均气温 25.8℃，较去年同期偏低 0.5℃，较常年同期偏高 0.4℃。全市最高气温 34.7℃（任泽，11 日），最低气温 13.4℃（清河，7 日）。全市平均日照时数 63.9 小时，较常年同期偏多 10.1 小时。

预计未来一周：13 日下午到前半夜邢台市有分散性雷阵雨或阵雨（平均降水量 2～5 毫米，西部、北部局地 10～20 毫米），局地伴有短时大风；其他时段以晴到多云天气为主。17—19 日全市有 35℃以上高温天气过程。

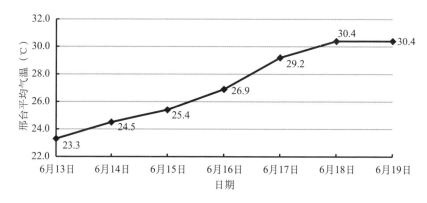

二、生产情况

目前全市主体麦田已进入蜡熟末期至完熟期。邢台小麦自 6 月 4 日开镰零星收割以来,现正处于收割高峰期。6 月 12 日,河北省农业农村厅邀请农业农村部专家组专家王法宏、中国科学院教授张爱民、中国农业科学院作物科学研究所研究员孙果忠、河北省农林科学院粮油作物所研究员李辉、河北省种子总站推广研究员王永波、河北省农业技术推广总站研究员周进宝、河北省农业农村厅张保军组成专家测评组,按照农业农村部高产创建测评标准,对邢台市农业农村局在南和区阎里村金沙河种植基地创建的 50 亩节水、高产小麦"马兰 1 号"高产攻关田,进行了现场实打实收测产。专家组随机抽取地块,采用联合收割机连片收获面积 3.165 亩,收获籽粒总鲜重为 3 100 公斤,用谷物水分测量仪测定籽粒含水量为 23.2%,扣除 0.1% 的杂质后,按标准含水量 13% 折算,实际亩产达 863.76 公斤,创下河北省小麦亩单产历史新高(下图左)。南和区金沙河万亩优质中麦 578 小麦示范基地,通过随机选取三块地 11 亩机收,测水分,去杂质,折标准含水量后平均亩产 740 公斤(下图右)。

三、科技服务

6 月 8 日,市委副书记、市长宋华英深入信都区实地调研检查"三夏"工作,实地了解麦收进度、产量收益等情况,要求各地要坚持防疫、麦收两不误,加强供需对接和统筹调剂,开设农机转运"绿色通道",实行"点对点"接待服务保障,"一户一策"开展特殊人群代收代种,全力抢收小麦(下图左)。6 月 10 日,由邢台市科协、市农业农村局、市农业科学研究院、省家庭农场联合会主办,隆尧县科协、河北柳行农场承办的第二届邢台市新型职业农民爱科技用科技大奖赛五县(区)"小麦粮王赛"决赛在隆尧县举办。省科协党组副书记、副主席许顺斗参加仪式并讲话，邢台市政协副主席邓素雪，市农业科学研究院党组书记、院长路随增，市农业农村局二级调研员马东邦，河北省家庭农场联合会秘书长王胜，邢台市科协党组书记、主席王俊国，隆尧县委书记王文玉，副书记郭全余，隆尧县政协副主席朱秀丽等参加颁奖仪式。本次大赛初赛阶段通过笔试产生了30位"田秀才"；复赛阶段通过电视直播竞赛产生了17名"农博士"；决赛阶段经专家评委通过对农博士麦田取样、脱粒、称重、测水分等程序，胜出亩产超800公斤的三位选手荣获五县（区）"粮王"称号（下图右）。

6月7日，河北省农业机械鉴定总站站长孙世桢一行3人到南和区督导调研"三夏"机收机播工作。市农业农村局主任戴国勇，区委副书记侯智杰，区农业农村局党组书记、局长卢瑞静及区农业农村局农机负责人陪同调研。孙站长一行对"三夏"生产服务站、爱心礼包7件套、机收机播安全培训等工作给予了高度评价，并提出了一些意见和建议（下图左）。6月7日，市农业农村局二级调研员马东邦率领种植业管理科、技术站有关人员赴清河县调研冬前"一根针""土里捂"等特殊类型麦田的成熟和产量情况，省小麦产业技术体系邢台试验站站长李艳陪同田间考察（下图右）。

　　6月9日，邢台市农科院副院长杨玉锐对南和区农业农村局基层技术推广人员进行知识更新培训，随后到金沙河邢台市农科院示范田、试验田进行现场观摩。促进基层农技人员掌握新型农技推广技术，提升综合素质，助力乡村振兴（下图左）。6月10日，国家小麦产业技术体系邢台综合试验站同信都区农业农村局技术骨干到襄都区东石村对氮磷钾监控施肥地块进行小麦三要素调查、植株和土层取样，分析研究不同施肥方式对小麦产量的影响（下图右）。

四、技术建议

　　1. **抢收小麦**。小麦收获期间往往有分散性降雨天气出现，要时刻关注天气变化，抓住机遇，做到**"雨前抢割，降雨停割，雨间插花割，雨后适时割"**。灵活机动，颗粒归仓。

　　2. **严格控制水分**。为了对小麦进行长期储藏，必须控制小麦含水量。含水量 14%～15% 的小麦如温度上升至 22℃时，易霉变腐败。对于含水量低于 12.5% 的小麦进行密封防潮，可安全储藏，但需注意后熟期间可能引起的水分分层和上层"结顶"现象。

　　3. **趁热入仓**。利用小麦的耐热性，选择晴朗、气温高的天气，对小麦进行晾晒，可起到干燥、促进后熟、杀虫抑菌的作用。将麦温晒到 50℃持续 2 小时，堆成小堆热闷半小时，趁热入仓库存，及时覆盖密闭，防吸湿散热、害虫复苏为害等。

邢台市冬小麦"科技壮苗"专项行动服务周报

【2022】第 18 期

国家小麦产业技术体系邢台综合试验站
河北省小麦产业技术体系邢台综合试验站
邢台市农业综合服务中心农业技术推广站
邢 台 市 环 境 气 象 中 心

2022-06-19

一、气象条件

2021 年是邢台市前所未有的夏汛连秋汛特殊年份。由于播前降水偏多造成秋收、秋种推迟，小麦播期拉长，平均推迟 15～30 天，晚播面积大，冬前小麦群体偏小、个体偏弱。

2021 年邢台平均降水量 975.1 毫米，较常年偏多 1 倍。7 月、8 月、9 月平均降水量分别为 328.5 毫米、150.1 毫米、239.8 毫米。其中，9 月平均降水量较常年偏多 5.6 倍，10 月上旬平均降水量 110.3 毫米，较常年偏多 11.6 倍。

（一）播种越冬前

2021 年 10 月 20 日至 12 月 20 日，全市平均气温 7.1℃，较常年偏高 2.1℃；降水量 30.7 毫米，较常年偏多 6 成；日照 382.7 小时，较常年偏多 43.3 小时。

2021 年 10 月 10 日、20 日、30 日、11 月 10 日、20 日至越冬前 0℃以上积温分别为 572.4℃、444.9℃、325.0℃、212.9℃、128.5℃，分别较常年增加 67.1℃、89.7℃、93.1℃、92.5℃、81.2℃。

（二）越冬期

越冬期间平均气温 -0.8℃，较常年偏高 0.1℃，极端最低气温 -15.2℃；平均降水量 8.3 毫米，较常年偏多 2 成；平均日照时数 334.9 小时，较常年偏少 4.0 小时。

12 月 23—26 日、1 月 21—22 日和 23—24 日出现 3 次降雪，降水量共 8.3 毫米，最大积雪深度 6 厘米。

（三）返青起身期

返青期间平均气温 9.7℃，较常年偏高 1.6℃；平均降水量 11.3 毫米，较常年偏多 2 成；平均日照时数 173.5 小时，较常年偏少 44.1 小时。

3 月 1—2 日、4—5 日、16—18 日、25—26 日出现 4 次寒潮天气过程，其中 2 日早晨最低气温降至 -3.8℃，18 日 72 小时平均气温下降 13.2℃。

（四）拔节期

拔节期间平均气温 16.4℃，较常年偏高 1.9℃；平均降水量 6.1 毫米，较常年偏少 7 成；平均日照时数 197.2 小时，较常年偏多 27.6 小时。

4 月 5—7 日部分县市出现寒潮天气，其中 7 日早晨最低气温降至 0.7℃。28—29 日多数县市出现寒潮天气，其中清河为强寒潮，29 日早晨最低气温降至 1.8℃。

（五）抽穗灌浆期

灌浆期间平均气温为 21.7℃，较常年偏高 0.3℃；平均降水量 18.6 毫米，较常年偏少 7 成；平均日照时数 399.5 小时，较常年偏多 11.1 小时。

5 月 7—12 日出现低温阴雨寡照天气，平均气温 12.9℃，较常年同期偏低 6.4℃，为历年同期最低。部分县市出现连阴雨，连阴雨日数 6 天。平均日照时数 11.3 小时，为历史同期最少。

5 月 27—31 日，天气呈现气温高、风速大、湿度低特点。其中 5 月 27 日、28 日、6 月 2—3 日部分县（市、区）出现轻度干热风；5 月 31 日沙河、临城、内丘出现重度干热风，其他县（市、区）出现轻度～中度干热风。

二、生产情况

（一）播种情况

2021 年受夏秋连汛影响，邢台小麦播种推迟，播期拉长。全市 10 月 8—18 日播种面积占比 4.9%；10 月 19—31 日播种面积占比 62.7%；11 月上、中旬播种面积占比 30.1%。另外 11 月下旬及以后播种面积占比 2.3%。冬前播种最晚推迟到冬至以后（如任泽区北定村 12 月 23 日播种）。大部分麦田播种时墒情充足，秸秆粉碎彻底，整地质量好。少部分麦田尤其是土壤黏重的地块因抢时整地耕种，造成"坷垃田"。

（二）冬前情况

冬前苗情错综复杂，从 6 叶壮苗到三叶弱苗甚至"一根针""土里捂"并存。由于冬前温度偏高，冬小麦于 12 月 21 日才进入越冬期，较常年偏晚 15 天左右，有利于小麦冬前生根分蘖长叶。全市 505.2 万亩冬小麦，冬前一类苗面积 52.4 万亩，占比 10.4%；二类苗面积 137.6 万亩，占比 27.2%；三类苗面积 315.2 万亩，占比 62.4%。一、二类苗总面积共计 190 万亩，占冬前播种面积的 37.6%，远低于常年 85% 左右的水平。

冬前平均亩总茎蘖数 49.6 万，较 2021 年减 27.2 万；主茎叶龄平均 2.99，较 2021 年减 2.18；单株次生根数平均 1.35 条，较 2021 年减 2.25 条。

（三）越冬、返青期情况

冬小麦 2 月 27 日开始返青。冬季温度偏高，小麦冻害较轻，基本绿体越冬。越冬期间小麦随气温波动断续生长，苗情有所转化。全市一类苗面积 62.1 万亩，占比 12.3%；二类苗面积 150.6 万亩，占比 29.8%；三类苗面积 292.5 万亩，占比 57.9%。一、二类苗总面积共计 212.7 万亩，占冬前播种面积的 42.1%，较冬前增长 4.5%。

平均亩总茎蘖数 57.2 万，较冬前增加 7.6 万；主茎叶龄平均 3.8，较冬前增加 0.81；单株次生根数平均 2.16 条，较冬前增加 0.81 条。

（四）拔节期情况

冬小麦于 4 月 1 日进入拔节期。全市一类苗面积 228.3 万亩，占比 45.2%；二类苗面积 224.9 万亩，占比 44.5%；三类苗面积 50 万亩，占比 9.9%；旺苗面积 2 万亩，占比 0.4%。一、二类苗总面积共计 453.2 万亩，占冬前播种面积的 89.7%，比返青期增加 47.6 个百分点，接近常年水平。

全市麦田平均亩茎蘖数 118.3 万，较去年同期增加 14.1 万；平均亩有效茎蘖数 51.2 万，较 2021 年同期减少 11.3 万。

（五）抽穗、灌浆期情况

主体麦田 4 月 24 日开始抽穗。小麦中后期病虫害得到有效控制。灌浆前期温度略低，昼夜温差较大，利于灌浆；后期温度较平稳，没有发生严重干热风和倒伏现象。据测算，全市平均亩穗数 47.3 万，较 2021 年增加 1 万；平均穗粒数 30.2 个，较 2021 年减少 1.1 个；平均千粒重 37.9 克，较 2021 年增加

0.5 克。

（六）产量情况

据统计部门汇总，邢台市小麦种植面积 512.53 万亩（冬前播＋春播），较去年减少 0.97 万亩；平均单产 454.58 公斤，较去年增加 1.18 公斤；总产 232.98 万吨，较 2021 年增加 0.18 万吨。

河北省农业农村厅邀请有关专家，6 月 12 日对南和区阎里村金沙河种植基地 50 亩"马兰 1 号"高产攻关田进行现场实打实收，亩产达 863.76 公斤。创河北省小麦单产历史新高。6 月 16 日，对宁晋县"土里捂"晚播小麦科技壮苗促弱转壮技术示范田进行实收测产，在晚播 40 天情况下，示范田比预期产量增产 100 多公斤，亩产达到 586.34 公斤。实现了河北省"土里捂"小麦产量新突破。

在 2022 年的特殊形势下，能够取得这样的产量水平实属难得，是邢台市在大力开展"科技壮苗"专项行动下取得的丰硕成果。邢台市小麦苗情变化汇总见下表。

邢台市小麦苗情变化汇总表

时间	苗情变化	一类苗	二类苗	三类苗
冬前	亩数（万亩）	52.4	137.6	315.2
	占比（％）	10.4	27.2	62.4
	较上期增减情况（百分点）	—	—	—
2月底	亩数（万亩）	62.1	150.6	292.5
	占比（％）	12.3	29.8	57.9
	较冬前增减情况（百分点）	1.9	2.6	−4.5
3月底	亩数（万亩）	201.1	232.3	69.5
	占比（％）	39.8	45.9	13.8
	较2月底增减情况（％）	27.5	16.1	−44.1
4月底	亩数（万亩）	251.6	204.4	49.2
	占比（％）	49.8	40.5	9.7
	较3月底增减情况（百分点）	10	−5.4	−4.1

三、技术分析

2022 年邢台小麦获得丰收从技术层面分析主要是全面贯彻落实了 **"4321"**（四补、三促、两防、一减）方针。四补为"以好补晚、以种补晚、以肥补晚、以密补晚"；三促为"'土里捂'促出苗早发、'一根针'促生根长叶、弱苗促转化升级"；两防为"防病虫草害、防气象灾害"；一减为"减损收获"。

（一）亩穗数影响因素

有利因素：一是基础条件好。节水、优质小麦品种基本实现了全覆盖；播种期间麦田底墒充足；底肥配方合理，种子处理面积大；晚播麦田播量加大，基本苗充足；大蘗比例高。二是温度偏高。冬前、冬季、早春温度均偏高，小麦越冬期推迟、冬季断续生长、早春回温快均有利于小麦苗情转化。三是早管理。各级农业农村部门行动早、措施实，针对各类麦田制定了精准有效的肥水管理措施，技术宣传发动有力，农户执行到位，春季分蘗多、成穗率高。

不利因素：一是晚播面积大，播期拉长。因夏秋连汛，少部分麦田在适播期（10 月 8—18 日）播种，主体麦田集中在 10 月下旬播种，最晚冬至后还有播种。二是整地质量参差不齐。播种时部分土壤黏重的地块因抢时整地耕种，整地质量不高，造成坷垃较多。

（二）穗粒数影响因素

有利因素：一是温度适宜。小麦返青期，尤其 2 月中旬至 3 月份温度较常年同期偏高，有利于小麦穗分化。二是管理到位。各级农技人员下沉一线，根据苗情墒情分类指导，尤其加强起身期前后肥水管理，促进小穗和小花分化，增加穗粒数。

不利因素：一是春季部分时段光照少。4 月上旬和下旬，在小花原基分化期和四分体形成阶段，日照时数较常年偏少，可能对小花发育和结实有影响。二是有倒春寒天气。4 月 13 日、5 月 1 日发生两次倒春寒天气过程，但强度有限，对小麦结实没有造成太大影响。

（三）千粒重影响因素

有利因素：一是"一喷三防"措施落实到位。在全面落实"一喷三防"技术基础上，气象条件也不利于病虫害大发生，今年白粉病、赤霉病、吸浆虫、蚜虫等病虫害没有对小麦灌浆造成太大影响。二是小麦灌浆期温度总体平稳。

灌浆前期温度略低,且昼夜温差大,光照条件好,小麦灌浆速率快;灌浆后期温度较平稳,小麦正常成熟。三是灌浆期拉长。小麦成熟推迟,灌浆时间拉长,有利于粒重增加。

不利因素:一是有阶段性寡照天气。5月7—12日出现阴雨寡照天气,光照偏少对小麦正常灌浆略有影响。二是有干热风天气。5月27日、5月28日、5月31日、6月2—3日部分县市出现几次不同程度的干热风天气过程,但时间短、程度低、范围小对水肥条件好的主体麦田影响不大。

四、"周报"宗旨

"邢台市冬小麦'科技壮苗'专项行动服务周报"(以下简称"周报")是由国家、省小麦产业技术体系邢台综合试验站、邢台市农业技术推广站和邢台市环境气象中心4部门联合制作的小麦生产技术指导类信息快报,共制作发布18期。"周报"每期内容分为气象条件、生产情况、科技服务和技术建议四大版块,重点根据当期气象条件和苗情特点,有针对性地提出每周重点采取的技术措施,为当地农业技术推广人员提供指导,为农业专业合作社、家庭农场和农户提供服务。

"周报"创建以来,在邢台市小麦生产上发挥了重要的指导作用,为2022年夏粮丰收提供了坚实的技术支撑。河北省农业技术推广总站站长周进宝对这项工作给予充分肯定:"'邢台市冬小麦科技壮苗专项行动服务周报'平台,是邢台市为响应部、省提出的'科技壮苗'专项行动特别建立的机制,是为了促进弱苗转壮开展的一项特别举措,该平台内容全面、信息量大,将科研、农技推广和气象服务等部门联合,发挥各自专业优势,使小麦田间技术指导做到更精准、更科学、更实用,成效和反响良好,这一机制值得全省学习借鉴"。

五、归纳总结

在国家、省、市、县、乡、村各级党委政府坚强领导下,在农业农村部门、农业科技工作者和小麦种植户的共同努力下,今年邢台市夏粮喜获丰收,"科技壮苗"专项行动取得了全面胜利。

(一)领导重视政策给力

从中央到地方,吹响"科技壮苗"号角。部长、省长、厅长、市长、局长、院长、县长、站长、镇长、村长一抓到底,坚持"科技壮苗"不走样。农业农村部部长唐仁健临邢视察,河北省省长王正谱来邢督导。中央财政两次向种粮农民发放一次性补贴300亿元,河北省统筹中央财政4亿元、省级财政1.5亿元,全力推动小麦促弱转壮和病虫害防治。邢台市成立了由市农业农村局、市农业科学研究院、市气象局主要领导为组长,国家和省体系邢台站、市环境气象中心、科教科、种植业科、技术站、粮作所等有关部门负责同志为成员的工作领导小组,全面统筹协调全市冬小麦"科技壮苗"专项行动,并积极指导各县(市、区)成立了相应的领导小组。行政推动力度之大、政策扶持力度之大、科学指导力度之大,历史罕见。

(二)科技壮苗技术到位

各级专家组,农技人员下沉一线。国家包省,省包市,市包县,县包乡,乡包村,村包户,户包地,层层技术传递,科技措施落在实处,苗情由弱转壮。国家小麦产业技术体系首席刘录祥、河北省小麦产业技术体系首席曹刚、河北省农业技术推广总站站长周进宝、包联邢台市指导专家李辉问诊邢台。2月22日,在宁晋县召开河北省冬小麦"科技壮苗"百日会战誓师大会,全市范围迅速掀起了小麦春管大调查、大服务热潮。据统计,全市共组织220支科技壮苗服务小分队1 700名农技人员,200名农业专家,4 000个粮食生产科技专员深入田间地头、示范基地开展冬小麦"科技壮苗"专项行动,印发各类生产技术指导意见86期次,发放冬小麦促弱转壮及田间管理类技术手册3万册,技术挂图和技术明白纸40万份,开展各类技术培训、科技服务3 500场次,累计服务种粮大户、专业合作社、家庭农场、普通种植户30万人次,有力促进夏粮丰收。

(三)气象条件总体有利

充足的底墒为高质量播种和播后苗全、苗齐、苗匀奠定基础。越冬期推迟和冬春温度偏高为补偿晚播苗生长量、增加分蘖、构建充足群体创造了有利条件。春季气象条件不利于病虫害流行,病虫害发生总体偏轻。穗花分化和授粉阶段倒春寒影响小,没有出现普遍性缺粒现象。再加上灌浆期间昼夜温差大、干热风和大风倒伏等后期灾害发生轻、灌浆期延长等有利因素累积,有效提升了粒重水平。综合分析气象条件对2022年小麦产量形成总体有利。

（四）产量水平双创新高

小麦三要素呈现"两增一减"态势：亩穗数增多、穗粒数减少、千粒重增加。邢台市小麦平均单产 454.58 公斤，较 2021 年增加 1.18 公斤；总产 232.98 万吨，较 2021 年增加 0.18 万吨。实现了小麦单产和总产双突破，并且涌现出了南和区金沙河基地亩产河北省最高纪录 863.76 公斤、宁晋县"土里捂"晚播小麦亩产 586.34 公斤等不同类型麦田高产典型，为邢台市小麦生产提供了宝贵的生产数据和技术经验。邢台市"科技壮苗"专项行动所取得的丰硕成果被人民日报、人民网、长城网、新华社、河北日报、河北新闻联播、邢台日报等各级各类媒体广泛宣传，收到良好的社会反响。

晚播麦"4321"技术要点

2021—2022年度由于夏秋连汛，小麦普遍晚播。晚播麦田由于冬前积温不足，苗龄偏小，冬前分蘖少或无分蘖，群体和个体发育指标无法达到壮苗标准，春季穗分化和灌浆时间短于适播麦，一般呈现整体生育期缩短、单株成穗偏少、穗粒数和粒重下降的特点。根据生产实际，应采取"4321"（四补、三促、两防、一减）技术指导晚播麦田生产管理。其技术要点如下。

一、四补——"以好补晚、以种补晚、以肥补晚、以密补晚"

（一）"以好补晚"

主要是指在播种环节要把好播种质量关。打好播种基础是实现晚播麦丰产高产的重要保障。需从以下几个环节抓好落实。

散墒整地。对于积水田块尽快排水散墒；对于过湿田块可深翻晒墒；对推迟时间较长的地块，采用分次旋耕晾墒；对于墒情适宜的田块可采用深松、旋耕、免耕等方式进行整地播种。

精细整地。要提高秸秆粉碎还田及整地和播种质量，推广使用深松、旋耕、分层施肥、适度镇压一体化机具精细整地，以保证播种和出苗质量。对已连续3年以上旋耕的地块，提倡深松一次。

精细播种。晚播麦基本苗多，可通过窄行距或宽幅播种提高群体均匀性。适当浅播，一般播种深度3～4厘米，防止播种过深导致出苗偏晚、苗小苗弱。

镇压锄划。土壤过于暄松的麦田需播前镇压，可压碎坷垃、塌实耕层，防止播深过深；各类麦田在播后苗前土壤表层墒情适宜时，利用专用镇压器进行适度镇压，以利于小麦出苗后根系发育，提高抗旱、抗寒能力。冬前结合浅中耕锄划提温保墒、壅土围根，以护苗安全越冬。

（二）"以种补晚"

选好品种是实现晚播麦丰产高产的前提条件。超过适宜播期后，在保证安全越冬前提下，选用适当早熟的高产品种。根据邢台市冬春两季气候特点，可选择半冬性或半冬性偏春性的品种，适当缩短通过春化时间，弥补播期推迟和积温不足影响。

（三）"以肥补晚"

应根据产量目标和土壤肥力，确定氮、磷、钾、微肥的用量与合理配比，做到减量精准配方施肥。对于晚播麦田可适当增施底肥，做到氮、磷、钾平衡施肥，特别是要重视施用磷肥，可以促进小麦根系发育和分蘖增长，提高分蘖成穗率。可亩施磷酸二铵 18～20 公斤，尿素 10 公斤，氯化钾 10～12 公斤。另外在越冬前，对底肥不足、叶片变黄的晚播弱苗，应在三叶期结合浇水或降雨亩施尿素 5～7 公斤，促弱转壮。

（四）"以密补晚"

独秆栽培是实现晚播麦丰产高产的关键措施。增加播量应既要保证达到品种高产的适宜亩穗数，又要避免群体过大造成倒伏减产。要根据地力、播期、种子千粒重、种子发芽率、田间出苗率、品种分蘖能力等，确定合理播量。超出适期范围后每晚播 1 天每亩增加 1 万基本苗。一般晚播麦基本苗 35 万～40 万；霜降后播种，亩基本苗需达到 45 万。对于秸秆粉碎不好、有坷垃、整地质量差，播量可适当增加。黏土地也要适当增加播量。分蘖力较强的优质强筋麦品种可适当控制播量。

二、三促——"'土里捂'促出苗早发、'一根针'促生根长叶、弱苗促转化升级"

（一）"土里捂"促出苗早发

该类麦田因播种过晚冬前未能出苗，早春对表墒偏差的麦田，如果地表 5 厘米以上土壤干旱（相对含水量低于 60%），在日均气温稳定通过 3℃时，进行小水湿润灌溉；对土壤板结的麦田，可通过浅中耕，提高地温，促苗早出；对长根较好的麦田，如果小麦种子根已下伸 3 厘米以上，三叶期前尽量不灌水，也无需动土管理，以免扰土伤根、表土过快失墒，影响出苗生长。进入三叶期后可浇水 15～20 立方米，同时亩施硝酸磷钾肥 12～15 公斤，且叶面喷施磷酸二氢钾和芸苔素内酯类生长促进剂，促进苗情早发快长。进入拔节期，结合亩浇水 50 立方米，追施尿素 8～10 公斤，稳穗促花保粒。进入抽穗扬花期，结合亩浇水 30～40 立方米，补施尿素 3～5 公斤，主攻增粒数和粒重。

（二）"一根针"促生根长叶

该类麦田因播种较晚，出土后的幼苗冬前生长发育时间短，只长出了 1 到 2 片叶，没有形成分蘖。"一根针"麦田由于冬前苗龄过小、抗冻能力差，为保安全越冬，可在出苗后，选择晴好的天气，使用 0.5% 磷酸二氢钾 +0.01% 芸苔素内酯（0.05～0.1 毫克/升）混合复配溶液进行叶面喷施，提高麦苗抗寒和抗病能力。对于整地质量差、田间坷垃多、土壤墒情差的地块，可在冬前夜冻昼消时、日均温度 3～5℃的晴天上午进行小水灌溉，粉碎坷垃，促进根系生长，预防冬季冻害。有条件的地方可采用秸秆或粪肥覆盖麦田，能起到避风保墒、提温防冻的作用。早春可顶凌耙地，促进小麦提早返青长叶。并在返浆期趁墒追施一些硝态氮肥，促进生根长叶。返青后只要土壤墒情适宜，分蘖前尽量不灌水、不动土，待小麦长出次生根后开展水肥管理，管理内容大致与"土里捂"麦田相同。

（三）弱苗促转化升级

该类麦田冬前小麦主茎为 4 叶以下，因苗龄偏小、抗寒能力差，为保安全越冬，可在出苗后，选择晴好的天气，使用 0.5% 磷酸二氢钾 +0.01% 芸苔素内酯（0.05～0.1 毫克/升）混合复配溶液进行叶面喷施，促进小麦叶片生长和幼苗分蘖，提高麦苗抗寒和抗病能力。春季突出"早"管理，抓住早春晴好天气，镇压锄划相结合，先压后锄，弥合裂隙，沉实土壤，增温保墒。起身前进行第一次水肥管理，亩浇水 30～40 立方米，随水亩施硝酸磷钾肥 25～30 公斤；拔节后进行第二次追肥浇水，亩浇水 50 立方米，追施尿素 7～8 公斤。

三、两防——"防病虫草害、防气象灾害"

（一）防病虫草害

1. **种子处理**。播种阶段要做好种子处理，有效控制土传、种传病害，地下害虫及穗前蚜虫危害。建议购买"白籽"自行拌种或对已用未知包衣剂处理的麦种"二次拌种"，注意药剂包衣要均匀，播种前 1 周内包衣，阴干待种。

2. **除治杂草**。提倡杂草秋治，在小麦 3～4 叶期，杂草 2 叶 1 心至 3 叶期，日平均气温高于 8℃时进行秋季化学除草。如冬前小麦苗龄偏小、杂草较少，冬前可以不进行化学除草。在小麦返青后，根据杂草发生情况，及时采取化学除治、中耕除草、人工拔除等有效措施，防控杂草蔓延为害。应注意杂草防治与防病用药间隔开一周，严格按照除草剂使用要求除草。

3. **防控病虫**。由于晚播弱苗抵御病虫害的能力较差，因此要特别加强病虫害预测预警工作。小麦返青后至抽穗前，以防治茎基腐病、纹枯病、根腐病、红蜘蛛为重点，根据病虫害发生情况，科学选用杀菌剂、杀虫剂，同时加入植物生长调节剂，适时开展"一喷综防"；抽穗扬花期要以吸浆虫、蚜虫、赤霉病为重点，兼顾锈病、白粉病、纹枯病、茎基腐病等病虫害的防治；灌浆期要抓好2～3次"一喷三防"工作，使用杀虫剂、杀菌剂、叶面肥和植物生长调节剂等混配喷雾，一次喷施，达到防病、治虫、抗干热风效果。在药剂选择上，要注意轮换用药，减少抗药性的产生。

（二）防气象灾害

小麦生育期间常见的气象灾害为干旱、冬春季低温冻害、风雹灾、干热风等，主要应对措施如下。

1. **干旱**。气象干旱是因小麦生育期降雨偏少、土壤缺墒导致小麦植株萎蔫甚至死亡。预防干旱应掌握时机，及时浇越冬水和春一水。越冬水既可以缓和地温的剧烈变化，保证麦苗安全越冬，又为返青保蓄水分，做到冬水春用，同时可以消灭越冬害虫。冬灌要适时，在夜冻昼消时及时灌溉。春季肥水管理要因天、因地、因苗制宜，根据气温、土壤墒情和苗情，适时浇灌春一水，缓解春季干旱造成的苗黄、苗弱、群体偏小等现象。

2. **冻害**。影响小麦生产的冻害类型主要有冬季冻害、早春冻害（倒春寒）和低温冷害。

冬季冻害可分为两类：第一类是严重冻害，即主茎和大分蘖冻死，心叶干枯；第二类是一般冻害，症状表现为叶片黄白干枯，但主茎和大蘖都没有冻死。早春冻害是指小麦在过了"立春"季节进入返青拔节这段时期，因寒潮到来降温，地表温度降到0℃以下发生的霜冻危害。低温冷害是小麦拔节以后至孕穗挑旗阶段，抗低温能力大大减轻。如孕穗期前后，低温低于5℃就会受害。发生低温冷害表现为延迟抽穗或抽出空颖白穗，或麦穗中部小穗空瘪，仅有部分结实。

应对措施：一是因地制宜选用半冬性抗寒品种，适期播种；二是提高整地播种质量，培育壮苗安全越冬；三是浇越冬水，促进小麦安全越冬；四是早春镇压锄划，保温提墒，促苗稳长；五是在寒流来临前，通过灌水平抑地温或者喷施芸苔素内酯、复硝酚钠等植物生长调节剂和叶面肥，增强小麦抗低温冻害能力；六是麦苗受冻后，应及时进行叶面喷肥、锄划和追施速效氮肥，促进小分蘖迅速生长。

3. **风雹灾害**。风灾指风力大于7级以上，造成小麦倒伏的一种自然灾害。倒伏后，养分、水分运输不畅，同时茎叶重叠，通风透光不良，光合作用削弱，造成千粒重下降，穗粒数减少，产量降低，品质变劣。

防倒措施：一是合理调控群体。通过控制播期播量、水肥运筹、科学化控等措施对群体进行调控，防止个体旺长、群体过大。二是小麦倒伏后不要人工扶直。若人工扶直，易损伤茎秆和根系，应让其自然恢复生长。三是小麦倒伏后要及时喷施磷酸二氢钾等叶面肥，增强小麦植株抗逆力、延长灌浆时间、稳定小麦粒重。四是加强病虫害防治。

预防雹灾，主要是气象部门使用飞机、高炮、火箭将含有碘化银的催化剂在云中播撒，以增加凝结核，致使大冰雹不能形成，以减轻冰雹灾害发生。

4. 干热风。干热风是小麦灌浆末期发生的一种常发性气象灾害，主要降低小麦灌浆速度和缩短灌浆时间，对籽粒的饱满度有较大的影响，从而降低小麦产量。一般可减产 5%～10%，严重时可达 20%。

应对措施：一是适时浇灌，在干热风出现前 3～5 天小水巧灌，可以明显改善田间小气候，减轻干热风危害；二是用 0.3% 磷酸二氢钾在小麦孕穗至扬花期进行喷洒，提高小麦植株磷、钾含量，增强小麦抗干热风能力；三是结合后期病虫害防治，肥、药、调节剂一喷多防，达到杀虫、防病、防干热风、增加粒重、提高品质的目的。

四、一减——"减少机械收获损失"

（一）确定适宜收获时间

小麦机收宜在蜡熟末期至完熟初期进行，此时产量最高，品质最好。同时根据当时的天气情况、品种特性、收获周期和籽粒用途等方面，合理安排收割顺序：小面积收获宜在蜡熟末期，大面积收获宜在蜡熟中期，以使大部分小麦在适收期内收获；留种用的麦田宜在完熟期收获；如遇降雨迫近，或急需抢种下茬作物，或品种易落粒、折秆、折穗、穗上发芽等情况，应适当提前收获时间。

（二）规范作业操作

提前做好小麦收割机的检修调整等准备工作，保证机具性能良好，减少机械损失；作业时应根据小麦品种、高度、产量、成熟程度及秸秆含水率等情况来选择作业挡位，用作业速度、割茬高度及工作幅宽来调整喂入量，使机器在额定负荷下工作，避免过快、过慢、转弯收获；小麦倒伏时应逆向减量收获；经常检查凹板筛和清选筛的筛面，防止被泥土或潮湿物堵死造成粮食损失，如有堵塞要及时清理。

不同类型小麦生产案例

适播麦亩产 863.76 公斤案例

1. **播种时间：** 2021 年 10 月 18 日。
2. **播种面积：** 50 亩。
3. **播种地点：** 邢台市南和区阎里村金沙河种植专业合作社基地。
4. **基础地力：** 砂质壤土。
5. **种植品种：** 马兰 1 号。
6. **田间管理：** 全生育期降水量累计 75.4 毫米。①播前整地：播前利用履带式收获机收获玉米，秸秆进行粉碎还田，利用进口深翻机进行犁地深翻覆盖秸秆并晒墒，深翻深度 25～30 厘米，然后再旋耕整平。②平衡底肥：底施复合肥（N-P$_2$O$_5$-K$_2$O 含量 20-23-7）40 公斤，商品有机肥 40 公斤。③精细播种：种子进行种衣剂包衣；播种方式采用进口导航播种机 12.5 厘米等行距播种，播种深度稳定控制在 3～4 厘米；亩播种量 17.5 公斤；播后采用专用镇压器进行镇压。④冬前管理：小麦冬前（11 月 20 日）使用喷灌方式浇越冬水，每亩灌溉 40 立方米水。⑤春季肥水：起身拔节期（3 月 25 日）开展第一次肥水管理，使用移动喷灌方式每亩喷灌 50 立方米水，亩追氮钾复合肥（N-K$_2$O 含量 30-5）40 公斤；孕穗期（4 月 22 日）通过喷灌方式每亩补灌 30 立方米水。⑥一喷三防：抽穗扬花期（5 月 1 日）前后实施了两次"一喷三防"，综合防控病虫害；小麦灌浆期（5 月 20 日、5 月 27 日）两次喷施叶面肥和植物生长调节剂促进籽粒灌浆，预防"干热风"影响，增加粒重。
7. **产量表现：** 6 月 12 日，河北省农业农村厅邀请农业农村部专家组专家王法宏、中国科学院教授张爱民等组成专家测评组，按照农业农村部高产创建测评标准，对该地块进行了现场实打实收测产。专家组采用联合收割机随机连片收获面积 3.165 亩，收获籽粒总鲜重为 3 100 公斤，用谷物水分测量仪测定籽粒含水量为 23.2%，扣除 0.1% 杂质后，按标准含水量 13% 折算，实际亩产为 863.76 公斤，创河北省小麦单产历史新高。

晚播麦亩产 776.1 公斤案例

1. **播种时间**：2021 年 10 月 26 日。

2. **播种面积**：25.7 亩。

3. **播种地点**：邢台市南宫市大关村河北省冀科种业基地。

4. **基础地力**：壤质土壤。

5. **种植品种**：邢麦 7 号。

6. **田间管理**：①播前整地：地上玉米秸秆已清理，采用普通旋耕机旋耕两遍，深度 12～15 厘米。②平衡底肥：采用隔年使用有机肥的措施，2020 年小麦播前亩用鸡粪 1 000 公斤。基肥亩用 45% 的小麦专用复合肥（N-P_2O_5-K_2O 含量 19-21-5）60 公斤；种子用德国巴斯夫公司的优质小麦种衣剂包衣。③精细播种：播种方式用普通全密播种机播种，行距 15 厘米，晚播增加了播种量，亩用种量 23.5 公斤。④化学除草：在返青后期（3 月 18 日）用无人机进行化学除草。⑤春季肥水：采用微喷带喷水。春季第一水在起身期（3 月 22 日）亩喷灌 50 立方米，随水亩追施尿素 15 公斤；春季第二水在孕穗期（4 月 18 日）亩喷灌 30 立方米；春季第三水在扬花期（5 月 2 日）亩喷灌 30 立方米，随水亩补追尿素 8 公斤。⑥一喷三防：拔节期（4 月 5 日）采用无人机喷施 10% 氟氯吡啶酯＋芸苔素＋磷酸二氢钾进行第一次"一喷三防"，促进小麦由弱转壮；抽穗期（4 月 24 日）用吡唑醚菌酯＋戊唑醇＋芸苔素＋磷钾肥＋吡虫啉＋瑞功进行第二次"一喷三防"，促进穗粒数增多和有效防止病虫害；灌浆期（5 月 10 日）进行第三次"一喷三防"，促进小麦粒重增加和防治早衰、干热风。

7. **产量表现**：6 月 15 日收获，经测产亩穗数为 54.9 万，穗粒数 36.8 粒，收获后实测千粒重 44.7 克，理论产量 767.6 公斤；通过实打实收总产量为 19 945.8 公斤，折合亩产量 776.1 公斤，为冀中南黑龙港地区晚播小麦高产开创了新途径。

"一根针"亩产 625.2 公斤案例

1. **播种时间**：2021 年 11 月 16 日。

2. **播种面积**：17.2 亩。

3. **播种地点**：邢台市任泽区天口镇前中魁村马俊山。

4. **基础地力**：耕作层壤土，35～40 厘米以下黏土。

5. **种植品种**：鲁原 502。

6. **田间管理**：①播前整地：地势较低 10 月有积水，首先经过开沟排水晾墒。整地较迟，采用秸秆切碎机进行秸秆还田，用旋耕机先进行旋耕一遍，旋耕深度 10～15 厘米，以使土壤秸秆混合均匀。②底肥使用：底肥用沃夫特牌复合肥（$N-P_2O_5-K_2O$ 含量 16-20-5），亩用量 40 公斤。③撒施播种：种子进行药剂拌种，播种时增加播量，每亩播种 35 公斤；播种方式，在旋耕后首先人工均匀撒播之后再用普通旋耕机浅旋耕覆土。因播后土壤过湿无镇压，冬前也没有浇越冬水。④春季肥水：春一水时间提早至起身前期（3 月 16 日），采用畦灌约每亩 50 立方米水，随水追施沃夫特牌复合肥（$N-K_2O$ 含量 30-8）每亩 20 公斤；孕穗期（4 月 18 日）浇春二水，畦灌每亩 50 立方米水，随水亩追尿素 10 公斤。⑤化学除草：起身期（3 月 25 日）用"老马"牌麦田除草剂套餐进行人工喷施化学除草一次。⑥一喷三防：抽穗扬花期（4 月 29 日）利用无人机用"一喷三防"套餐进行统防统治；灌浆初期（5 月 13 日）用液体氮肥 + 吡虫啉 + 高效氯氰菊酯进行"一喷三防"，防治病虫害、促穗粒数和粒重增加。

7. **产量表现**：收获日期 6 月 15 日。采用普通小麦收割机进行收获，17.2 亩总共实收重量为 10 753.4 公斤，折合每亩 625.2 公斤。

"土里摀"亩产 586.34 公斤案例

1. **播种时间**：2022 年 11 月 18 日。

2. **播种面积**：20 亩。

3. **播种地点**：邢台市宁晋县宁北街道北楼下村河北省农林科学院示范基地。

4. **基础地力**：壤质土壤。

5. **种植品种**：冀麦 765。

6. **田间管理**：①播前整地：整地"宁晚勿烂"。玉米收获后整地时首先对玉米秸秆粉碎 2 遍，然后再旋耕两遍，旋耕深度 15 厘米，达到土地平整。②平衡底肥：着重多磷基肥模式，采用总含量 42% 的"祥云"牌小麦专用复合肥（$N-P_2O_5-K_2O$ 含量：17-20-5）40 公斤；种子用"四冠"小麦种衣剂包衣。③足量播种：播种方式采用全密播种，行距 15 厘米，推迟播期加大播种量，亩用种量 25 公斤，进行播后镇压。④化学除草：在起身期（3 月 25 日）进行化学除草。⑤春季肥水：灌水少量多次。采用微喷灌技术灌溉 4 次。返青（3 月 5 日）亩灌水 30 立方米、拔节期（4 月 7 日）亩灌水 30 立方米、开花后（5 月 7 日）亩灌水 30 立方米，灌浆期（5 月 25 日）亩灌水 20 立方米，灌水总量每亩 110 立方米。追肥返青期：拔节期采用 4：6 模式。利用水肥一体化技术在返青期追施"冀衡"牌硝酸铵磷（$N-P_2O_5-K_2O$：30-4-0）10 公斤，拔节期追施尿素 10 公斤。⑥一喷三防：全程调节促进。拔节期采用植保无人机喷施芸苔素内酯＋吡唑醚菌酯＋氨基寡糖素叶面肥 1 次；抽穗期喷施杀虫剂＋杀菌剂＋氨基酸叶面肥 1 次；灌浆期喷施氮磷钾微量元素水溶肥 1 次。

7. **产量表现**：2022 年 6 月 16 日，河北省农业农村厅组织专家组在 20 亩示范田内随机确定实收面积 3.865 亩，采用小麦联合收获机现场收获，称重后扣除杂质折合标准含水量计产，亩产为 586.34 公斤。

河北省冬小麦苗情分类标准（节选）

生育时期	项目	旺苗	壮苗		弱苗（三类苗）
			一类苗	二类苗	
越冬期	主茎叶龄	≥ 6.5	5～6.5	4～5	＜ 4
	单株次生根	—	＞ 4 条	2～4 条	＜ 2 条
	单株分蘖数	—	3～5 个	2～3 个	＜ 2 个
	亩总茎蘖数	＞ 100 万	70 万～100 万	50 万～70 万	＜ 50 万
	长势长相	叶色浓绿	叶色绿，蘖壮	叶色绿	叶色浅绿，蘖弱
返青期	单株次生根	—	＞ 4.5 条	2.5～4.5 条	＜ 2.5 条
	单株分蘖数	—	3.2～5.2 个	2.2～3.2 个	＜ 2.2 个
	亩总茎蘖数	＞ 105 万	75 万～105 万	55 万～75 万	＜ 55 万
	长势长相		冻害轻于 2 级	或冬前壮、旺苗发生 3 级冻害时	或冬前壮、旺苗发生 4 级冻害时
起身期	单株次生根	—	＞ 8 条	5～8 条	＜ 5 条
	单株分蘖数	—	4.2～6.2 个	3.2～4.2 个	＜ 3.2 个
	亩总茎蘖数	＞ 120 万	90 万～120 万	60 万～90 万	＜ 60 万
	长势长相	叶片披长，叶色浓绿，蘖弱	叶色绿，蘖壮	叶色绿	叶片短小，叶色浅绿，蘖弱
拔节期	单株次生根	—	＞ 10 条	7～10 条	＜ 7 条
	单株分蘖数	—	4～6 个	3～4 个	＜ 3 个
	亩总茎蘖数		85 万～115 万	55 万～85 万	＜ 55 万
	长势长相	叶片披长，叶色浓绿，蘖弱	叶色绿，蘖壮	叶色绿	叶片短小，叶色浅绿，蘖弱
穗期	亩穗数	—	＞ 45 万	38 万～45 万	＜ 38 万

资料来源：《冬小麦苗情监测技术规范》（DB 13/T2061—2014），河北省质量技术监督局 2014-09-02 发布。

河北省小麦"促弱转壮，科技壮苗"
技术服务月历

月	2月			3月			4月			5月			6月	
旬	上	中	下	上	中	下	上	中	下	上	中	下	上	中
节气	立春		雨水	惊蛰		春分	清明		谷雨	立夏		小满	芒种	
生育时期	越冬期			返青期		起身期		拔节期		抽穗开花期		灌浆期	成熟期	
管理目标	保苗安全越冬			促弱转壮构建丰产群体		促蘖分化增小穗数		促大蘖成穗保证成穗数		保花增粒促大穗		养根护叶增粒重	丰产丰收	

管理措施

弱苗：

2月上、中旬：及时观察田间苗情长势。

2月下旬：中南部区域表土层化冻时，趁墒浅凌中耕划锄，趁墒（雨）后施尿素8~10公斤和磷酸二铵5~6公斤，或浇少量水溶解化肥即可。同时严禁化学除草。

3月上旬：北部区域中耕划锄，施肥（参考中南部用量）。气温10℃以上时，根据杂草类型选择唑草酮甲基二磺隆等科学除草。

3月中旬：根据病虫发生情况，中南部选用阿维菌素、戊唑醇、三唑酮类等药剂科学防治红蜘蛛、锈病、纹枯病、茎基腐病等病虫害。

3月下旬：北部区域防治病虫害，全区3叶后可镇压提墒，化控防倒。

4月上旬：进行拔节期水肥管理，亩浇水50立方米，追施尿素12公斤左右。

4月上旬：中南部区域根据天气变化及时墒情浇水或适当浇水预防倒春寒。注意及时防治病虫害。

4月下旬：选用氰烯菌酯、戊烯醇、三唑类、高效氯氟菊酯等重点防治赤霉病、白粉病、锈病、吸浆虫等，配合喷施磷酸二氢钾、硼酚钠、叶面肥，复面中面肥，提高结实率。

5月上旬：由中南向北适时浇水每亩40立方米左右，增施尿素5公斤。

5月中旬：可用高效氯氟菊酯、己唑醇、氰烯菌酯、营养素内酯、尿素、磷酸二氢钾等根据实际情况选配，进行1~2次一喷三防，药剂现用现配，防病防早衰，密切关注天气，少量浇水预防干热风。

6月上中旬：适时收获，减少损失，确保丰产丰收。

正常苗：

2月上、中旬：及时观察田间苗情长势。

2月下旬：中南部区域镇压提墒，腾苗壮苗。

3月上旬：北部区域镇压提墒保墒，参考弱苗管理除草。

3月中旬：中南部区域麦田苗施尿素13~15公斤，浇水40立方米左右。一二类苗参弱苗田参考弱苗管理，防倒伏。

4月上旬：进行拔节期水肥管理，亩浇水50方，追施尿素15~18公斤。

4月中旬：一类苗，亩浇水50方。

4月中旬：全省一二类麦田根据天气变化及时预防倒春寒，防治病虫害。

4月下旬：参考弱苗病害管理。

5月上旬：参弱苗田适时进行开花水肥管理。

5月中旬：参弱苗同喷三防等同管理。

6月上中旬：适时收获，减少损失，确保丰产丰收。

邢台市小麦绿色高产高效技术模式图

月	10月			11月			12月			1月			2月			3月			4月			5月			6月	
旬	上	中	下	上	中	下	上	中	下	上	中	下	上	中	下	上	中	下	上	中	下	上	中	下	上	中
节气	寒露		霜降	立冬		小雪	大雪	冬至		小寒	大寒		立春		雨水	惊蛰	春分		清明	谷雨		立夏		小满	芒种	
生育期	播种期	出苗至三叶期		冬前分蘖期			越冬期								返青期		起身期		拔节期		抽穗开花期		灌浆期		成熟期	
生育特点	种子萌发出苗			根系及分蘖迅速生长			缓慢生长								春生叶片开始生长		匍匐转为直立		节间迅速伸长植株迅速生长		开花授粉结实		籽粒灌浆		籽粒成熟	
主攻目标	苗全、苗匀、苗齐、苗壮			促根增蘖培育壮苗			保苗安全越冬								促苗早发稳长		腾苗壮蘖		促大蘖成穗		保花增粒		养根护叶增粒重		丰产丰收	
关键技术	精选种子药剂拌种适期播种播后镇压			防治病虫草害适时灌好越冬水			适时镇压严禁放牧								中耕松土镇压保墒		腾苗轻节防病除草		重施肥水防治病虫		浇开花灌浆水防治病虫一喷三防				适时收获	

操作规程：
1. 播前精细整地，秸秆粉碎还田。选用该区通过国家或省审定委员会审定，在当地种植表现优良的品种，播前精选种子，种子包衣；每亩底施磷酸二铵20公斤左右，尿素8公斤左右，硫酸钾或氯化钾10公斤左右，硫酸锌1.5公斤左右。
2. 一般控制在10月8~18日，播深3~5厘米，每亩基本苗18万~22万，播后及时镇压，播种时相对土壤含水量控制在70%~80%。在日平均温度17℃左右播种，确保出苗齐。出苗后查苗，发现缺苗断垄应及时补种，冬灌水时，最好在昼消夜冻时灌溉，需灌水时，最好在昼消夜冻时灌溉。
3. 冬前苗期注意观察灰飞虱、叶蝉等害虫发生情况，及时防治。以防传播病毒病；同时注意防治杂草。冬季适时镇压，弥实地表裂缝，防止寒风灌根，保苗防冻。根据冬前降水情况和土壤情况决定是否灌越冬水。田边地头要种满种严，力争全苗。
4. 返青期中耕松土，提高地温。镇压保墒，注意纹枯病、茎基腐病发生情况。节前返青肥，若0~20厘米土壤相对含水量低于60%，可适当灌水补墒。起身期不浇。
5. 拔节期重施肥水，促大蘖成穗。一般返青肥，灌水追肥同，一般掌握在4月5~15日，注意白粉病、锈病发生时防治。发现病情及时防治。
6. 根据土壤墒情浇好开花灌浆水，可随灌水每亩施2~3公斤尿素，时间一般掌握在5月1~10日，及时防治蚜虫，吸浆虫。
7. 籽粒蜡熟末期适时机械收获。注意天气预报，避开烂场雨，防止穗发芽，确保丰产丰收，颗粒归仓。

区域特点：
本区包括本省全部有小麦生产的地区，属温带大陆季风气候，全年无霜期200天左右。年均降水量520毫米左右，小麦生育期降水150毫米左右。小麦种植区土壤类型主要为潮土、褐土。制约该区域小麦生产的主要因素：一是小麦生育期降水严重不足；二是小麦播种至成熟积温为2000~2200℃，小麦常遇旱春干旱，影响小麦返青和春季干热风干热风发生较高；五是病虫害发生较高；历年有不同程度发生。

小麦优良品种简介

邢麦 7 号

（一）品种来源

选育单位：邢台市农业科学研究院

亲本组合：935031/高优 503

审定编号：冀审麦 2012003 号

（二）特征特性

属半冬性中熟品种，生育期 242 天左右。幼苗半匍匐，叶片绿色，分蘖力中等。成株株型紧凑，株高 70.9 厘米左右。穗纺锤形，长芒，白壳，白粒，硬质，籽粒较饱满。亩穗数 38.2 万，穗粒数 33.5 个，千粒重 42 克，容重 807.2 克/升。抗倒性较强，抗寒性略低于石 4185。抗病性：河北省农林科学院植物保护研究所抗病性鉴定，2008—2009 年度中抗条锈病，中感叶锈病和白粉病；2009—2010 年度中抗白粉病，中感叶锈病和条锈病。品质检测：2011年农业部（2018 年 3 月，更名为农业农村部）谷物品质监督检验测试中心（哈尔滨）测定，籽粒粗蛋白（干基）14%，湿面筋 30.6%，沉降值 25.4 毫升，吸水率 60.8%，形成时间 2.8 分钟，稳定时间 3 分钟。

（三）产量表现

2008—2009 年度冀中南水地组区域试验平均亩产 524 公斤，2009—2010年度同组区域试验平均亩产 457 公斤。2010—2011 年度生产试验平均亩产 548公斤。

（四）审定意见

适宜在河北省中南部冬麦区中高水肥地块种植。

邢麦 13 号

（一）品种来源

选育单位：邢台市农业科学研究院

亲本组合：衡 9117-2/邯 4589

审定编号：国审麦 2016021、冀审麦 20180017

（二）特征特性

半冬性，全生育期 241 天，比对照品种良星 99 早熟 2 天。幼苗半匍匐，叶浓绿，抗寒性好。分蘖力较强，分蘖成穗率高。株型偏紧凑，旗叶上举，株高 81 厘米，茎秆有弹性，抗倒性较好。穗层整齐度一般。穗纺锤形，长芒，白壳，白粒，籽粒角质、饱满度较好。落黄早，熟相好。亩穗数 48.3 万穗，穗粒数 35.3 粒，千粒重 38.4 克。抗寒性鉴定，抗寒性级别 1 级。抗病性：中抗条锈病，中感纹枯病，高感叶锈病、白粉病、赤霉病。品质检测：籽粒容重 796 克/升，蛋白质含量 15.38%，湿面筋含量 33.4%，沉降值 31.7 毫升，吸水率 60.4%，稳定时间 3.3 分钟，最大拉伸阻力 164EU，延伸性 181 毫米，拉伸面积 45 平方厘米。

（三）产量表现

2012—2013 年度参加黄淮冬麦区北片水地组区域试验，平均亩产 531.9 公斤，比对照品种良星 99 增产 6.8%；2013—2014 年度续试，平均亩产 607.0 公斤，比良星 99 增产 4.1%。2014—2015 年度生产试验，平均亩产 602.7 公斤，比良星 99 增产 5.4%。

（四）审定意见

适宜在黄淮冬麦区北片的山东、山西南部水肥地块，河北中南部水肥地和节水种植。

邢麦 18 号

（一）品种来源

选育单位：邢台市农业科学研究院

亲本组合：济麦 20 航天诱变选育

审定编号：冀审麦 20180032、冀审麦 20218037

（二）特征特性

该品种属半冬性早熟品种，平均生育期 238 天，比对照石 4185 早熟 2 天。幼苗半匍匐，叶色绿色，分蘖力中等。成株株型紧凑，株高 76.2 厘米。穗纺锤形，长芒，白壳，白粒，半硬质，籽粒较饱满。亩穗数 46.2 万，穗粒数 33.4 个，千粒重 42.4 克。熟相较好。抗倒性一般。抗寒性与对照石 4185 相当。抗病性：河北省农林科学院植物保护研究所抗病性鉴定结果，2014—2015 年度中抗条锈病，慢叶锈病，中感白粉病，中感赤霉病；2015—2016 年度高抗条锈病，高感叶锈病，中感白粉病，高感赤霉病。品质检测：2017 年河北省农作物品种品质检测中心测定，粗蛋白质（干基）14.7%，湿面筋（14% 湿基）31.4%，吸水量 60.3 毫升/100 克，形成时间 3.3 分钟，稳定时间 4.4 分钟，拉伸能量 42 平方厘米，最大拉伸阻力 187EU，容重 782 克/升。

（三）产量表现

2014—2015 年度冀中南早熟组区域试验平均亩产 542.4 公斤；2015—2016 年度同组区域试验，平均亩产 550.1 公斤。2016—2017 年度生产试验，平均亩产 592.8 公斤。

（四）审定意见

适宜在河北省冬麦区（冀南、中、北）中高水肥地块种植。

邢麦 26

（一）品种来源

选育单位：邢台市农业科学研究院

亲本组合：川麦 16/DH155//石 6678/邢麦 8

审定编号：冀审麦 20210013

（二）特征特性

该品种属半冬性中早熟品种，平均生育期 234 天，比对照衡 4399 晚 0.1 天。幼苗半匍匐，叶色绿色，分蘖力强。成株株型半紧凑，株高 73.7 厘米。穗纺锤形，长芒，白壳，白粒，半硬质，较饱满。亩穗数 46.3 万，穗粒数 33.9 个，千粒重 36.6 克。熟相较好。抗寒性好。抗病性：河北省农林科学院植物保护研究所抗病性鉴定结果，2017—2018 年度中抗条锈病、白粉病，感纹枯病，高感叶锈病、赤霉病；2018—2019 年度中抗叶锈病，中感白粉病、纹枯病，高感条锈病、赤霉病。品质检测：2019 年河北省农作物品种品质检测中心测定，粗蛋白质（干基）13.6%，湿面筋（14% 湿基）27.1%，吸水量 62.8 毫升/100 克，形成时间 4.2 分钟，稳定时间 4.2 分钟，拉伸面积 26 平方厘米，最大拉伸阻力 135EU，容重 789 克/升。

（三）产量表现

2017—2018 年度冀中南水地组区域试验平均亩产 439.9 公斤；2018—2019 年度同组区域试验，平均亩产 612.3 公斤。2019—2020 年度同组生产试验，平均亩产 579.4 公斤。

（四）审定意见

适宜在河北省中南部冬麦区中高水肥地块种植。

婴泊 700

（一）品种来源

选育单位：河北婴泊种业科技有限公司

亲本组合：太谷核不育/济 93-5031

审定编号：国审麦 20210056、冀审麦 20190024、冀审麦 2012001 号。

（二）特征特性

半冬性，全生育期 236.8 天，与对照济麦 22 熟期相当。幼苗半直立，叶片宽，叶色深绿，分蘖力强。株高 77 厘米，株型紧凑，抗倒性一般。整齐度一般，穗层较整齐，熟相一般。穗长方形，长芒，白壳、白粒，籽粒角质，饱满度较好。亩穗数 45.2 万穗，穗粒数 33.2 粒，千粒重 42.6 克。抗病性：中感条锈病，高感叶锈病、白粉病、纹枯病、赤霉病。品质检测：籽粒容重 802 克/升、817 克/升，蛋白质含量 14.3%、14.6%，湿面筋含量 34.8%、32.9%，稳定时间 3.8 分钟、3.6 分钟，吸水率 62%、60.8%。

（三）产量表现

2017—2018 年度参加黄淮冬麦区北片水地组区域试验，平均亩产 502.6 公斤，比对照济麦 22 增产 3.4%；2018—2019 年度续试，平均亩产 606.1 公斤，比对照济麦 22 增产 3.6%；2019—2020 年度生产试验，平均亩产 568.0 公斤，比对照济麦 22 增产 3.3%。

（四）审定意见

适宜在黄淮冬麦区北片水地的山东省全部、山西省运城和临汾市的盆地灌区，河北省（冀南、中、北）中高水肥地种植。

冀科 667

（一）品种来源

选育单位：河北省冀科种业有限公司

亲本组合：周麦 13/良星 66

审定编号：冀审麦 20208014

（二）特征特性

该品种属半冬性中熟品种，平均生育期 236 天，比对照衡 4399 晚熟 2 天。幼苗半匍匐，叶色深绿，分蘖力较强。成株株型紧凑，株高 74.3 厘米，整齐度好。穗纺锤形，长芒，白壳，白粒，硬质，籽粒饱满。亩穗数 46.0 万，穗粒数 31.9 个，千粒重 40.3 克。熟相较好。抗倒性较好。抗寒性好。抗病性：河北省农林科学院植物保护研究所抗病性鉴定结果，2016—2017 年度高抗条锈病，高抗叶锈病，高感白粉病，高感赤霉病；2017—2018 年度高抗条锈病，中感纹枯病，中抗叶锈病，中抗白粉病，中抗赤霉病。品质检测：2019 年河北省农作物品种品质检测中心测定，粗蛋白质（干基）14.52%，湿面筋（14% 湿基）32.3%，吸水量 64.2 毫升/100 克，稳定时间 4.0 分钟，拉伸能量 42 平方厘米，最大拉伸阻力 215EU，容重 828 克/升。

（三）产量表现

2016—2017 年度河北农作物冬小麦品种创新联盟冀中南水地组区域试验，平均亩产 558.4 千克，比对照衡 4399 增产 3.3%；2017—2018 年度同组区域试验，平均亩产 451.5 千克，比对照增产 3.1%。2018—2019 年度生产试验，平均亩产 562.1 千克，比对照增产 3.5%。

（四）审定意见

适宜在河北省中南部冬麦区中高水肥地块种植。

冀缘 1016

（一）品种来源

选育单位：河北旺丰种业有限公司

亲本组合：矮败/良星 99//良星 99

审定编号：冀审麦 20208015

（二）特征特性

该品种属半冬性中熟品种，平均生育期 235 天，比对照衡 4399 晚熟 1 天。幼苗半匍匐，叶色深绿，分蘖力较强。成株株型紧凑，株高 75.7 厘米，整齐度好。穗纺锤形，长芒，白壳，白粒，硬质，籽粒饱满。亩穗数 43.7 万，穗粒数 33.1 个，千粒重 39.2 克。熟相较好。抗倒性较好。抗寒性好。抗病性：河北省农林科学院植物保护研究所抗病性鉴定结果，2016—2017 年度中抗条锈病，中感叶锈病，中感白粉病，高感赤霉病；2017—2018 年度高抗条锈病，感纹枯病，中感叶锈病，中感白粉病，高感赤霉病。品质检测：2019 年河北省农作物品种品质检测中心测定，粗蛋白质（干基）13.31%，湿面筋（14% 湿基）28.7%，吸水量 61.6 毫升/100 克，稳定时间 13.2 分钟，拉伸能量 72 平方厘米，最大拉伸阻力 372EU，容重 780 克/升。

（三）产量表现

2016—2017 年度河北农作物冬小麦品种创新联盟冀中南水地组区域试验，平均亩产 557.7 公斤，比对照衡 4399 增产 3.2%；2017—2018 年度同组区域试验，平均亩产 446.5 公斤，比对照增产 3.4%。2018—2019 年度生产试验，平均亩产 561.83 公斤，比对照增产 3.5%。

（四）审定意见

适宜在河北省中南部冬麦区中高水肥地块种植。

马兰 1 号

（一）品种来源

选育单位：河北大地种业有限公司、石家庄市农林科学研究院、辛集市马兰农场

品种来源：济麦 22/金禾 9123

审定编号：冀审麦 20218011

（二）特征特性

该品种属半冬性中熟品种，生育期 239 天，比对照衡 4399 晚 0.5 天。幼苗半匍匐，叶色深绿，分蘖力中等偏上，生长健壮。成株株型呈 V 型，株高 68.5 厘米、茎秆坚硬，抗倒伏力强。穗长方形，长芒，白壳，白粒，硬质，籽粒较饱满。亩穗数 48.5 万，穗粒数 33.6 个，千粒重 43.0 克。熟相较好。抗寒性较好。抗病性：河北省农林科学院植物保护研究所抗病性鉴定结果，2018—2019 年度免疫条锈病，中抗赤霉病，中感白粉病，感纹枯病，高感叶锈病；2019—2020 年度中感条锈病、赤霉病，高感叶锈病、白粉病、纹枯病。品质检测：2020 年河北省农作物品种品质检测中心测定，粗蛋白质（干基）14.5%，湿面筋（14% 湿基）29.2%，吸水量 59.9 毫升/100 克，稳定时间 2.2 分钟，容重 800 克/升。

（三）产量表现

2018—2019 年度参加河北农作物冬小麦品种创新联盟冀中南水地组区域试验，平均亩产 595.7 公斤；2019—2020 年度同组区域试验，平均亩产 606.1 公斤。2019—2020 年度同组生产试验，平均亩产 594.5 公斤。

（四）审定意见

适宜在河北省中南部冬麦区中高水肥地块种植。

石麦 26

（一）品种来源

选育单位：石家庄市农林科学研究院、河北省小麦工程技术研究中心

品种来源：石优 17/济麦 22

审定编号：国审麦 20180052

（二）特征特性

半冬性，全生育期 241 天，比对照品种良星 99 熟期略早。幼苗半匍匐，叶片绿色，分蘖力强，亩成穗较多。株高 80.5 厘米，株型稍松散，茎秆弹性较好。旗叶长，植株蜡质层较厚，穗层整齐，熟相较好。穗纺锤形，长芒、白壳、白粒，籽粒角质，饱满度好。亩穗数 45.2 万穗，穗粒数 33.4 粒，千粒重 44.5 克。抗病性：高感叶锈病和赤霉病，中感条锈病、白粉病和纹枯病。品质检测：籽粒容重 819 克/升、803 克/升，蛋白质含量 13.56%、13.54%，湿面筋含量 29.1%、32.2%，稳定时间 2.4 分钟、3.2 分钟。

（三）产量表现

2014—2015 年度参加黄淮冬麦区北片水地组品种区域试验，平均亩产 579.2 公斤，比对照良星 99 增产 4.3%；2015—2016 年度续试，平均亩产 599.7 公斤，比良星 99 增产 3.2%。2016—2017 年度生产试验，平均亩产 632.1 公斤，比对照增产 6.0%。

（四）审定意见

适宜在黄淮冬麦区北片的山东省全部、河北省保定市和沧州市的南部及其以南地区、山西省运城和临汾市的盆地灌区种植。

衡麦 29

（一）品种来源

选育单位：河北省农林科学院旱作农业研究所

品种来源：济麦 22/衡 5362

审定编号：国审麦 20210100

（二）特征特性

半冬性，全生育期 230.8 天，比对照济麦 22 熟期稍早。幼苗半匍匐，叶片窄，叶色灰绿，分蘖力强。株高 77.6 厘米，株型紧凑，抗倒性较好。整齐度较好，穗层较整齐，熟相较好。穗纺锤形，长芒，白壳，白粒，籽粒角质，饱满度较好。亩穗数 47.2 万穗，穗粒数 34.0 粒，千粒重 45.1 克。抗病性：中感白粉病、纹枯病，高感条锈病、叶锈病、赤霉病。品质检测：籽粒容重 809.8 克/升、827 克/升，蛋白质含量 14.2%、15.0%，湿面筋含量 36.4%、30.8%，稳定时间 2.6 分钟、1.9 分钟，吸水率 66.9%、64.8%，最大拉伸阻力 367.8EU、218EU，拉伸面积 54.0 平方厘米、43 平方厘米。

（三）产量表现

2018—2019 年度参加国家小麦良种联合攻关黄淮冬麦区北片大区试验，平均亩产 631.5 公斤，比对照济麦 22 增产 5.0%；2019—2020 年度续试，平均亩产 571.9 公斤，比对照济麦 22 增产 6.3%；2019—2020 年度生产试验，平均亩产 592.3 公斤，比对照济麦 22 增产 4.8%。

（四）审定意见

适宜在黄淮冬麦区北片水地的山东省全部、河北省保定市和沧州市的南部及其以南地区、山西省运城和临汾市的盆地灌区种植。

邯麦 20

（一）品种来源

选育单位：邯郸市农业科学院

品种来源：邯 02-6018/济麦 22

审定编号：冀审麦 20210009

（二）特征特性

该品种属半冬性中熟节水品种，平均生育期 235 天，比对照石麦 22 晚 1.0 天。幼苗半匍匐，叶色绿色，分蘖力强。成株株型紧凑，株高 74.3 厘米。穗纺锤形，长芒，白壳，白粒，硬质，饱满。亩穗数 42.2 万，穗粒数 33.0 个，千粒重 40.5 克。熟相较好。抗寒性好。抗病性：河北省农林科学院植物保护研究所抗病性鉴定结果，2017—2018 年度免疫条锈病，中感叶锈病、白粉病，感纹枯病，高感赤霉病；2018—2019 年度免疫条锈病，中感白粉病、纹枯病，高感叶锈病、赤霉病。节水指数：2017—2018 年度节水指数为 1.192；2019—2020 年度节水指数为 1.213。品质检测：2019 年河北省农作物品种品质检测中心测定，粗蛋白质（干基）14.8%，湿面筋（14% 湿基）30.2%，吸水量 64.2 毫升/100 克，稳定时间 2.0 分钟，容重 809 克/升。

（三）产量表现

2017—2018 年度冀中南节水组区域试验，平均亩产 438.3 公斤；2018—2019 年度同组区域试验，平均亩产 552.6 公斤。2018—2019 年度同组生产试验，平均亩产 477.5 公斤。

（四）审定意见

适宜在河北省中南部冬麦区中高水肥地块节水种植。

冀麦 765

（一）品种来源

选育单位：河北省农林科学院粮油作物研究所

品种来源：太谷核不育群体/师栾 02-1

审定编号：国审麦 20220046、冀审麦 20200007

（二）特征特性

半冬性。全生育期 236.7 天，比对照济麦 22 熟期稍早。幼苗半匍匐，叶片窄，叶色黄绿，分蘖力强。株高 80.6 厘米，株型较紧凑，抗倒性较好，穗层整齐，熟相好。穗纺锤形，长芒，白壳，白粒，硬质，饱满。亩穗数 47.6 万穗，穗粒数 32.5 粒，千粒重 41.5 克。抗病性：高感纹枯病，高感赤霉病，高感条锈病，高感叶锈病，中感白粉病。抗寒性好。品质检测：籽粒容重 827 克/升、837 克/升，蛋白质含量 14.9%、14.0%，湿面筋含量 33.9%、32.6%，稳定时间 9.0 分钟、8.3 分钟，吸水率 61%、61%，最大拉伸阻力 431EU、486EU，拉伸面积 99 平方厘米、113 平方厘米，品质指标达到中强筋小麦标准。

（三）产量表现

2019—2020 年度参加黄淮冬麦区北片水地组区域试验，平均亩产 574.3 公斤，比对照济麦 22 增产 5.3%；2020—2021 年度续试，平均亩产 587.8 公斤，比对照济麦 22 增产 4.6%；2020—2021 年度生产试验，平均亩产 613.3 公斤，比对照济麦 22 增产 8.3%。

（四）审定意见

适宜在黄淮冬麦区北片的山东省全部、河北省保定市和沧州市的南部及其以南地区、山西省运城和临汾市的盆地灌区高中水肥地块种植。

河农 6133

（一）品种来源

选育单位：河北农业大学

品种来源：济麦 22/邢麦 3 号

审定编号：冀审麦 20210020

（二）特征特性

该品种属半冬性中熟品种，平均生育期 239 天，比对照衡 4399 晚 1.1 天。幼苗半匍匐，叶色深绿色，分蘖力较强。成株株型半紧凑，株高 77.6 厘米。穗纺锤形，长芒，白壳，白粒，硬质，较饱满。亩穗数 50.5 万，穗粒数 32.3 个，千粒重 41.9 克。熟相好。抗寒性好。抗病性：河北省农林科学院植物保护研究所抗病性鉴定结果，2018—2019 年度高抗条锈病，中抗叶锈病，中感纹枯病，高感白粉病、赤霉病；2019—2020 年度中感条锈病，高感叶锈病、白粉病、赤霉病、纹枯病。品质检测：2020 年河北省农作物品种品质检测中心测定，粗蛋白质（干基）14.7%，湿面筋（14% 湿基）28.0%，吸水量 62.4 毫升/100 克，稳定时间 4.2 分钟，拉伸面积 32 平方厘米，最大拉伸阻力 153EU，容重 834 克/升。

（三）产量表现

2018—2019 年度参加冀中南水地组区域试验，平均亩产 592.4 公斤；2019—2020 年度同组区域试验，平均亩产 604.8 公斤。2020—2021 年度同组生产试验，平均亩产 586.0 公斤。

（四）审定意见

适宜在河北省中南部冬麦区中高水肥地块种植。

科农 1002

（一）品种来源

选育单位：中国科学院遗传与发育生物学研究所农业资源研究中心

品种来源：科农 2011/金丰 5027

审定编号：冀审麦 20210012

（二）特征特性

该品种属半冬性中早熟品种，平均生育期 234 天，比对照衡 4399 晚 0.2 天。幼苗半匍匐，叶色深绿色，分蘖力强。成株株型半紧凑，株高 73.8 厘米。穗纺锤形，长芒，白壳，白粒，半硬质，较饱满。亩穗数 41.8 万，穗粒数 35.4 个，千粒重 39.5 克。熟相较好。抗寒性较好。抗病性：河北省农林科学院植物保护研究所抗病性鉴定结果，2017—2018 年度高抗条锈病，中感白粉病、纹枯病，高感叶锈病、赤霉病；2018—2019 年度中抗叶锈病、赤霉病，感纹枯病，高感条锈病、白粉病。品质检测：2019 年河北省农作物品种品质检测中心测定，粗蛋白质（干基）14.9%，湿面筋（14% 湿基）29.6%，吸水量 64.4 毫升/100 克，稳定时间 1.4 分钟，容重 810 克/升。

（三）产量表现

2017—2018 年度冀中南水地组区域试验，平均亩产 439.7 公斤；2018—2019 年度同组区域试验，平均亩产 610.7 公斤。2019—2020 年度同组生产试验，平均亩产 582.9 公斤。

（四）审定意见

适宜在河北省中南部冬麦区中高水肥地块种植。

华麦 9518

（一）品种来源

选育单位：河北华丰种业开发有限公司

品种来源：石麦 22/衡 4444//济麦 22

审定编号：冀审麦 20218045

（二）特征特性

该品种属半冬性中熟品种平均生育期 236 天，与对照衡 4399 相当。幼苗半匍匐，叶色浓绿色，分蘖力强。成株株型松散，株高 75.1 厘米。穗纺锤形，长芒，白壳，白粒，硬质，较饱满。亩穗数 45.3 万，穗粒数 38.1 个，千粒重 40.3 克。熟相较好。抗寒性好。抗病性：河北省农林科学院植物保护研究所抗病性鉴定结果，2018—2019 年度中抗赤霉病，感纹枯病，中感条锈病、叶锈病，高感白粉病；2019—2020 年度感纹枯病，中感赤霉病，高感条锈病、叶锈病、白粉病。品质检测：2020 年河北省农作物品种品质检测中心测定，粗蛋白质（干基）12.6%，湿面筋（14% 湿基）17.8%，吸水量 57.9 毫升/100 克，稳定时间 1.1 分钟，容重 836 克/升。

（三）产量表现

2018—2019 年度参加河北汇优小麦测试联合体冀中南水地组区域试验，平均亩产 581.1 千克；2019—2020 年度同组区域试验，平均亩产 565.9 千克。2019—2020 年度同组生产试验，平均亩产 568.9 千克。

（四）审定意见

适宜在河北省中南部冬麦区中高水肥地块种植。

鲁原 502

（一）品种来源

选育单位：山东省农业科学院原子能农业应用研究所、中国农业科学院作物科学研究所

品种来源：航天突变系 9940168 优选

审定编号：国审麦 2011016、皖麦 2015007

（二）特征特性

半冬性中晚熟品种，成熟期较对照石 4185 晚熟 1 天。幼苗半匍匐，长势壮，分蘖力强。区试记载抗寒性好。亩成穗数中等，对肥力敏感。株高 76 厘米，株型偏散，旗叶宽大，上冲。茎秆粗壮、蜡质较多，抗倒性较好。穗较长，小穗排列稀，穗层不齐。成熟落黄中等。穗纺锤型，长芒，白壳，白粒，籽粒角质，欠饱满。亩穗数 39.6 万穗、穗粒数 36.8 粒、千粒重 43.7 克。抗寒性：抗寒性较差。抗病性：高感条锈病、叶锈病、白粉病、赤霉病、纹枯病。品质检测：籽粒容重 794 克/升、774 克/升，蛋白质含量 13.14%、13.01%，湿面筋含量 29.9%、28.1%，吸水率 62.9%、59.6%，稳定时间 5 分钟、4.2 分钟，最大拉伸阻力 236EU、296EU，拉伸面积 35 平方厘米、50 平方厘米。

（三）产量表现

2008—2009 年度参加黄淮冬麦区北片水地组区域试验，平均亩产 558.7 公斤，比对照石 4185 增产 9.7%；2009—2010 年度续试，平均亩产 537.1 公斤，比对照石 4185 增产 10.6 %。2009—2010 年度生产试验，平均亩产 524.0 公斤，比对照石 4185 增产 9.2%。

（四）审定意见（黄淮北片）

适宜在黄淮冬麦区北片的山东省、河北省中南部、山西省中南部高水肥地块种植。

中麦 578

（一）品种来源

选育单位：中国农业科学院作物科学研究所，中国农业科学院棉花研究所

品种来源：中麦 255/济麦 22

审定编号：国审麦 20210059、国审麦 20200016

（二）特征特性

半冬性，全生育期 234.2 天，比对照济麦 22 早 2.2 天。幼苗半直立，叶片细长，叶色深绿，分蘖力中等。株高 74 厘米，株型较松散，抗倒性较好。穗层厚，熟相好。穗纺锤形，长芒，白壳，白粒，籽粒角质，饱满度好。亩穗数 42.4 万穗，穗粒数 30.9 粒，千粒重 48.8 克。抗病性：慢条锈病，高感叶锈病、纹枯病、赤霉病，中感白粉病。品质检测：籽粒容重 800 克/升、813 克/升，蛋白质含量 14.9%、15.9%，湿面筋含量 34.6%、32.5%，稳定时间 15.1 分钟、22.4 分钟，吸水率 60%、61%，最大拉伸阻力 660EU、652EU，拉伸面积 160 平方厘米、126 平方厘米。两年度品质指标均达到强筋小麦标准。

（三）产量表现

2017—2018 年度参加黄淮冬麦区北片水地组区域试验，平均亩产 495.6 公斤，比对照济麦 22 增产 2.8%；2018—2019 年度续试，平均亩产 599.8 公斤，比对照济麦 22 增产 3.6%；2019—2020 年度生产试验，平均亩产 555.2 公斤，比对照济麦 22 增产 1.5%。

（四）审定意见（黄淮北片）

适宜在黄淮冬麦区北片水地的山东省全部、河北省保定市和沧州市的南部及其以南地区、山西省运城和临汾市的盆地灌区种植。

中麦 6032

（一）品种来源

选育单位：中国农业科学院作物科学研究所

品种来源：济麦 22/周麦 20

审定编号：国审麦 20210094、国审麦 20220084

（二）特征特性

半冬性，全生育期 231 天，与对照济麦 22 熟期相当。幼苗半匍匐，叶片宽长，叶色深绿，分蘖力强。株高 78.5 厘米，株型较紧凑，抗倒性较好。整齐度好，穗层整齐，熟相好。穗纺锤形，长芒，白壳，白粒，籽粒角质，饱满度好。亩穗数 47.2 万穗，穗粒数 32.6 粒，千粒重 46.8 克。抗病性：中感条锈病、叶锈病、纹枯病，高感赤霉病、白粉病。品质检测：籽粒容重 811.8 克/升、820 克/升，蛋白质含量 14.2%、15.5%，湿面筋含量 32.4%、32.5%，稳定时间 5.7 分钟、5.6 分钟，吸水率 63.2%、61.6%，最大拉伸阻力 467.0EU、464.0EU，拉伸面积 83.3 平方厘米、83.2 平方厘米。

（三）产量表现

2018—2019 年度参加国家小麦良种联合攻关黄淮冬麦区北片大区试验，平均亩产 611.3 公斤，比对照济麦 22 增产 8.1%；2019—2020 年度续试，平均亩产 562.2 公斤，比对照济麦 22 增产 4.5%；2019—2020 年度生产试验，平均亩产 587.4 公斤，比对照济麦 22 增产 4.0%。

（四）审定意见（黄淮北片）

适宜在黄淮冬麦区北片水地的山东省全部、河北省保定市和沧州市的南部及其以南地区、山西省运城和临汾市的盆地灌区种植。

航麦 802

（一）品种来源

选育单位：中国农业科学院作物科学研究所

品种来源：H8/产 6

审定编号：冀审麦 20210005

（二）特征特性

该品种属冬性中熟品种，平均生育期 252 天，比对照中麦 175 晚 2.7 天。幼苗半匍匐，叶色绿色，分蘖力强。成株株型半紧凑，株高 79.9 厘米。穗纺锤形，长芒，白壳，白粒，硬质，较饱满。亩穗数 45.2 万，穗粒数 34.4 个，千粒重 42.0 克。熟相较好。抗寒性好。抗病性：河北省农林科学院植物保护研究所抗病性鉴定结果，2018—2019 年度中感条锈病、叶锈病、白粉病；2019—2020 年度中抗赤霉病，中感白粉病，高感条锈病、叶锈病。品质检测：2020 年河北省农作物品种品质检测中心测定，粗蛋白质（干基）13.4%，湿面筋（14% 湿基）28.1%，吸水量 59.6 毫升/100 克，稳定时间 7.0 分钟，拉伸面积 50 平方厘米，最大拉伸阻力 287EU，容重 798 克/升。

（三）产量表现

2018—2019 年度冀中北水地（优质）组区域试验，平均亩产 545.2 公斤；2019—2020 年度同组区域试验，平均亩产 538.8 公斤。2019—2020 年度同组生产试验，平均亩产 529.4 公斤。

（四）审定意见（冀中北）

适宜在河北省中北部冬麦区中高水肥地块种植。

中科 166

（一）品种来源

选育单位：中国科学院遗传与发育生物学研究所

品种来源：矮败/六倍体小偃麦 8803//济麦 22

审定编号：国审麦 20220083

（二）特征特性

半冬性。全生育期 220 天，与对照周麦 18 熟期相当。幼苗半匍匐，叶片窄，叶色深绿，分蘖力较强。株高 85.0 厘米，株型紧凑，抗倒性较好，穗层整齐，熟相好。穗纺锤形，短芒，白壳，白粒，籽粒硬质。亩穗数 44.1 万穗，穗粒数 31.8 粒，千粒重 46.0 克。良种联合攻关抗病性鉴定：高感条锈病，高感叶锈病，中感纹枯病，中感白粉病，中抗赤霉病。品质检测：籽粒容重 818 克/升、814 克/升，蛋白质含量 15.0%、15.4%，湿面筋含量 29.0%、33.4%，稳定时间 2.0 分钟、2.0 分钟，吸水率 60%、59%，最大拉伸阻力 227EU、264EU，拉伸面积 47 平方厘米、54 平方厘米。

（三）产量表现

2019—2020 年度参加国家小麦良种联合攻关黄淮冬麦区南片大区试验，平均亩产 550.2 公斤，比对照周麦 18 增产 6.2%；2020—2021 年度续试，平均亩产 547.1 公斤，比对照周麦 18 增产 4.6%；2020—2021 年度生产试验，平均亩产 564.4 公斤，比对照周麦 18 增产 6.3%。

（四）审定意见（黄淮南片）

适宜在黄淮冬麦区南片的河南省除信阳市（淮河以南稻茬麦区）和南阳市南部部分地区以外的平原灌区，陕西省西安、渭南、咸阳、铜川和宝鸡市灌区，江苏省淮河、苏北灌溉总渠以北地区，安徽省沿淮及淮河以北地区高中水肥地块早中茬种植。

致　谢

国家小麦产业技术体系首席科学家刘录祥研究员

河北省小麦产业技术体系首席专家曹刚研究员

中国农业科学院作物科学研究所常旭虹、孙果忠研究员

中国农业大学韩一军、王志敏教授

中国农业科学院农产品加工研究所张波研究员

中国农业科学院植物保护研究所张云慧博士

河南农业大学王万章教授

河北省农林科学院粮油作物研究所李辉、贾秀领研究员

河北省气象科学研究所李春强、魏瑞江研究员

河北省农业技术推广总站站长周进宝

邢台市农业农村局党组书记邱海飚

邢台市气象局党组书记、局长郭艳岭

邢台市农业农村局局长张鹏

邢台市农业农村局二级调研员马东邦

邢台市农业综合服务中心主任齐福众

邢台市农业科学研究院党组成员郭志英

"科技壮苗"行动掠影

彩图1　农业农村部召开冬小麦"科技壮苗"专项行动部署视频会（北京）

彩图2　农业农村部部长唐仁健（前中）来邢考察苗情（南和）

彩图 3　国家小麦体系首席科学家刘录祥（前右 3）在同河北省小麦专家进行会商（宁晋）

彩图 4　河北省召开"科技壮苗"百日会战誓师大会（宁晋）

彩图5 "科技壮苗"河北在行动（宁晋）

彩图6 河北省农业技术推广总站站长周进宝（右一）和省小麦产业技术体系首席专家
曹刚（左四）考察苗情和墒情（任泽）

彩图 7 邢台市农业农村局党组书记邱海飚（中）指挥"三夏"应急演练（任泽）

彩图 8 邢台市农科院院长路随增（中）同邢台市农业农村局局长张鹏（左）
查看苗情（宁晋）

彩图 9　邢台市气象局副局长孙东磊（右 3）带领技术人员进行田间调查（宁晋）

彩图 10　邢台市成立县级农业科技服务组织服务三农

彩图 11　邢台召开农业关键核心技术攻关座谈会助推"科技壮苗"

彩图 12　国家小麦体系机械化岗位科学家王万章（中）教授一行考察河北金沙河面业集团

彩图 13　国家小麦体系邢台站"科技壮苗"在行动（隆尧）

彩图 14　邢台市农业农村局马虎成研究员（中）现场讲解小麦促弱转壮技术（任泽）

彩图 15　三朵金花（李艳、赵玉兵、杨丽娜）促三农（南和）

彩图 16　小麦播种夜战

彩图 17 "科技壮苗"丰收在望（示范基地）

彩图 18 实收亩产 863.76 公斤，创河北新高（南和阎里）

彩图 19　"科技壮苗"成果丰硕（南和）

彩图 20　精准节水技术促进小麦高产高效（巨鹿）

彩图 21　农业的根本出路在于机械化（郑州）

彩图 22　希望的田野（金沙河基地）